U0175177

后浪

园林漫步

刘天华——著

江苏凤凰文艺出版社
JIANGSU PHOENIX LITERATURE AND
ART PUBLISHING

目　录

小　引　不到园林，怎知春色如许　　　　　1

第一章　园林的起源和发展　　　　　7
　　两股清泉　　　　　7
　　文人园林的兴起　　　　　14
　　隋唐到宋的发展　　　　　19
　　硕果累累的明清园林　　　　　26

第二章　不同风格的园林　　　　　35
　　多样的园林风貌　　　　　35
　　皇家园林　　　　　44
　　文人园林　　　　　53
　　寺庙园林　　　　　61
　　邑郊风景园林　　　　　70

第三章　山容水态之美　　　　　81
　　山林野趣寓其中　　　　　82
　　石峰的欣赏　　　　　96
　　清池涵虚话止水　　　　　104
　　活泼的动水景　　　　　112

第四章	花木和亭廊楼阁	121
	色、形、声、香协奏曲	123
	岁寒三友	141
	多姿多彩缀园中	152
	亭、榭、廊、桥	162

第五章	风月生意境	173
	园林审美的升华	173
	烟云雨雪之美	180
	醉人的月色	193
	有意境，自成名园	204

第六章	空时交辉的艺术	211
	空间美的魅力	212
	"有""无"的协调统一	217
	庭院深深	223
	流连忘返的深意	231
	赏景的时间美	236

第七章	别样的艺术原则	245
	顺应自然	245
	重在对比	256
	巧于因借	265

第八章　游亦有术矣　　　　　　273

　　游园先问　　　　　　274

　　远望近观　　　　　　278

　　动静结合　　　　　　281

　　情景交融　　　　　　287

　　鱼、舟、沧浪水之趣　　　　　　293

第九章　诗情、酒趣、茶韵　　　　　　305

　　画龙点睛的题对　　　　　　305

　　诗意与景名　　　　　　315

　　景借文传　　　　　　326

　　意不在酒　　　　　　337

　　精茗蕴香佐园林　　　　　　344

第十章　画意与曲境　　　　　　353

　　天然图画　　　　　　353

　　山水画与文人园　　　　　　357

　　画家造园林　　　　　　368

　　山水有清音　　　　　　377

　　园曲双绝的大家　　　　　　384

　　园中曲，曲中园　　　　　　389

后　记　　　　　　400

图 i-1　苏州拙政园浮翠阁前的春色

小　引

不到园林，怎知春色如许

　　"不到园林，怎知春色如许？"是我国传统文化中著名的园林戏——昆曲《牡丹亭》中的一句脍炙人口的唱词。汤显祖生活在明代，早在那时，园林与寻常百姓的生活已经密切联系在一起了。今天我们的国家经济发展，社会稳定，生活富足，游园赏景更是成了人们喜闻乐见的休闲文化活动。无论是名山大川，还是古城小巷中，都保留或复建了许多古典园林。那峰石参差、桃红柳绿、小桥流水、亭台楼阁的迷人风光，吸引了无数游子赏心游乐于其中。

　　园林是人们为了休憩游览的方便，用自己的双手创造风景的一种艺术。与建筑一样，园林与人们的日常生活关系也极为密切，两者可说是同步发端且互补互映的。然而，它们之间又有明显的不同：建筑是完全由人工创造的，而园林却保留了许多自然的东西。那浓树、芳草、清泉、美石，都充满着山野的自然气息。由于世界上各民族、各地区文化背景不同，人们对风景的理解和偏爱也有差异，因而也就出现了许多不同特点、不同风格的园林。归总起来，世界上的园林大致可分成三个系统：欧洲园林、西亚园林和中国园林。中国园林主要是指汉文化地区各种形式的古典园林，它有着悠久的历史，有较为独特的风格，在世界园林史上享有很高的地位。

尽管世界各地的园林风格差别很大，但人们不约而同地都将欣赏园林艺术看作是人世间的一件乐事。17世纪英国著名哲人培根就说过："全能的上帝率先培植了一个花园。的确，它是人类一切乐事中最纯洁的，它能怡悦人的精神……"无独有偶，我国古代文人雅士对人生真谛的诠释也少不了一个"乐"字，人活着就是要寻觅快乐，而寻乐的一个主要场所就是园林。所以在古代园林赏景中，"乐"是一个永恒的主题。北宋有欧阳修"独乐乐，不如众乐乐"的琅琊山之游，有钟情园林的司马光"兴会神到"的园中独乐，到晚清，颐和园中有乐寿堂、谐趣园，江南海宁安澜园中更有以"三乐"为名的主要厅堂——古代文化人深谙老庄之道，很懂得"知足常乐""自得其乐"的自我心理调节，但人生苦短，光有这二乐似乎还不够，更要"及时行乐"，这才凑成了"三乐"。有人以为"及时行乐"似乎是追求享乐的不良行为，这其实是对"乐"的误解。按现下流行的说法，"及

图 i-2　苏州西园寺湖心亭　　　　　　　　　　　　　　　　　　　　　冯方宇 摄

图 i-3　北京颐和园谐趣园　　　　　　　　　　　　　　　　　　　　　视觉中国供图

时行乐"其实就是过好眼前的每一天，珍惜生命，享受生活。人的一生充满着许多不确定性，所以要抓紧时间，寻找自己喜欢的生活方式。而外出旅游，耽乐山水，徜徉园林，亲近有文化意味的自然，应该是人们最钟情的一件乐事。

为了方便游园寻乐，就要擅于找到园林中的"乐点"，这里就有一个方法问题，就是古人常说的"游亦有术矣"中的"术"。其中很重要的一条便是"游园先问"，先"做功课"，学点园林鉴赏的基本知识。所谓"钟情山水，知己泉石"，必须是在一定文化积淀基础上的感悟的升华。

中国园林的艺术宗旨是"虽由人作，宛自天开"（明末造园大家计成《园冶》语），也就是说它是将自然界的美丽景色经过组织、浓缩，按照艺术家的美妙构思再现出来的一种艺术。它既具有自然山水美景的特点，又更加集中和精妙；它既讲究景色的自然和天趣，又强调造园家的独创构思。因此，中国园林既突出了山水花木等自然之物的造景作用，又重视其他传统艺术手段的辅助。古园中常常在山水植物等天然景色之处引进建筑、文学、书画、雕刻工艺等各门艺术，将人工与自然熔于一炉，使它们在园林美景中互相映衬。从这一方面看，中国园林的"宛自天开"，并不是纯粹形式上的模仿，而是一种写意式的内涵与精神上的模仿，它并不回避艺术家对自然材料加工的痕迹，而且有时还要刻意渲染这种技巧，就像传统中国山水画卖弄笔墨技法一样。正因为如此，与单纯由花草林木、溪流喷泉组成的西方园林相比，中国园林就具有一种特别的神韵。与中国其他传统艺术一样，古典园林所创造的一些美景之中包含着深刻的文化内容，许多古代著名的思想文化，都不同程度地反映在园林之中，园林的美妙景色也成了古代诗歌文学、绘画、戏曲表现的主要内容之一。可以说，园林是中华传统文化与自然山水美综合而成的一个结晶。

中华民族有着爱好自然、钟情园林的文化传统，"上有天堂，下有苏杭"这句谚语便是一个很好的佐证。苏、杭之所以称得上天堂，主要得益于两地园林风景之美。苏州是园林精品荟萃之地，国宝级的古典园林有一多半集中在此地。而杭州以湖光山色著称，整个西湖及四周的群山本身便是一个大园林。其他城市亦是如此，例如清代中叶的扬州，家家均利用空地、天井营建园林，形成了全民绿化营园的社会风气，所以当时文人赞曰："家家住青翠城闉……处处是烟波楼阁。"因为园林之美、园林之乐，在中华文明史上，有多少骚人墨客为之倾倒，故而留下了珍贵的诗篇画卷。

这里奉上一册小书，愿它成为朋友们游览园林、发现美、寻找快乐时的一个小小导游，让我们一起在园林中漫步吧！

图 1-1 清代王原祁所绘《辋川图》（局部）

第一章
园林的起源和发展

　　历史是一条永恒的、滚滚不尽的长河。任何一种传统文化，都在它的胸怀里萌生、发展。古典园林的过去同上下五千年的中华文明史息息相关，它也是由源头的涓涓细流，一点点生长着，拓展着，有时缓慢，有时飞驰，随着时间的流逝，沉积下来一条丰富而美丽的轨迹。

两股清泉

　　中国园林到底从何时何处发展而来？以往由于正统史书记述的影响，人们一般认为商周时期王室规模巨大的苑囿是我国园林的正宗源头。近年来，有学者研究了古代诗歌，并参照考古发现，提出最早的园林雏形应该是原始村落宅边的林木绿化和园圃等实用性绿地。其实，艺术的起源本来就很复杂，它往往是由多重原因综合交织而成。因此，中国园林的清泉，应该说是从村宅绿化与畋猎苑囿两个泉眼中流出的。

正像建筑艺术从遮蔽风雨的棚屋开始，陶瓷艺术由原始人的泥坯盛器发展而来一样，园林作为实用性的艺术，和人类为了方便生产和生活而改造环境有着直接的联系。上古先民刀耕火种的生产方式效率极为低下，一块地耕种几年便失去了价值。而他们的饮食、取暖和建造，又几乎都依赖于林木，所以在先民聚居地四周，森林遭受的破坏很大。因此，先民们就自发地在自己的宅旁屋后和村落的公共活动地周围植树绿化，开始了最初的园林活动。

根据考古的推测，古代的制陶、纺织及磨制工具等活动多半在户外进行，再加上集会、祭祀、玩耍等需要，人们都会在村落中或四周的空地上植树，这样既可以遮阴防尘，又可游戏其中。我国第一部诗歌总集《诗经》中就有不少上古村落绿地的记载。三国吴学者陆玑曾作过一篇《毛诗草木鸟兽虫鱼疏》，共列出《诗经》中出现的植物一百一十多种、鸟兽虫鱼六十多种，可见商周村落园林风景的丰富多样。《周南·葛覃》开头几句描写的景色就非常美："葛之覃兮，施于中谷，维叶萋萋。黄鸟于飞，集于灌木，其鸣喈喈。"还有人们很熟悉的"蒹葭苍苍，白露为霜。所谓伊人，在水一方"，以及"昔我往矣，杨柳依依。今我来思，雨雪霏霏"等，都描绘出了村落近旁那种以植物为主、依靠天然地形的简朴的早期民间园林。在芦苇、杨柳等树木之外，人们还注意到了雨雪霜露等天气变化对风景的衬托。

　　要是说《诗经》描写的村居园林主要集中在中原一带，那么古代大诗人屈原根据当时流传在南方的神话传说所创作的抒情诗篇《九歌》中，所描绘的景色便是江南村落园林的代表。《九歌》原来是民间祭神乐歌，歌中有许多地方唱出了人们对自然景色的热爱。如《少司命》开头就点出了秋天的植物景美："秋天的兰草和芳香的蘼芜啊，茂密地在堂前满布着。绿油油的叶子、白色的花朵、沁心的幽香阵阵地偎近了我。"[1]《礼魂》中，人们又唱道："我们举行着隆重的典礼，鼓声齐作，巫女们传递着手中的鲜葩在那儿舞蹈，一个紧接着另一个……春天有馥郁的兰草，秋天有芬芳的菊花，正象征着我们有永远存在的祭祀啊！"[2] 还有直接写游山玩水的："我划着桂桨和兰楫，敲打着河上的冰雪，我好比向水里去采山中的薜荔，到树顶去采水里的芙蓉（指倒影）。我们的心意不同，媒人徒劳无功，我们的爱情不深，诀别这般匆匆。看哪！石滩的水是那么飞溅，水中的飞龙是那么蜿蜒……"[3] 这里虽还没有后来园林那种堆假山、挖水池的大规

---

1 出自《九歌·少司命》，原文为：秋兰兮蘼芜，罗生兮堂下。绿叶兮素华，芳菲菲兮袭予。

2 出自《九歌·礼魂》，原文为：成礼兮会鼓，传芭兮代舞；姱女倡兮容与；春兰兮秋菊，长无绝兮终古。

3 出自《九歌·湘君》，原文为：桂櫂兮兰枻，斲冰兮积雪。采薜荔兮水中，搴芙蓉兮木末；心不同兮媒劳，恩不甚兮轻绝；石濑兮浅浅，飞龙兮翩翩。

模地形改造，但是已经利用植物花草来美化堂屋居室，并且对自然山水美的欣赏也开始同人类生活中美好的事情（如爱情等）联系了起来。在看景的同时，融进了自己的感情。

当然，上古这些简单的园林活动并没有留下很多资料，但前后联系起来看，似乎对后来发展起来的恬淡素静的文人村居园林，有过不小的影响。像东晋诗人陶渊明归隐的园田居，也只不过是"方宅十余亩，草屋八九间。榆柳荫后檐，桃李罗堂前"，可以说接续了上古村宅园林的余韵。就连明清之际的文人花园，也不断地从村宅绿化中吸取营养，正如园林家陈从周先生在《园林谈丛》中指出的："如'柳荫曲路''梧竹幽居''荷风四面'等命题的风景画，未始不从农村绿化中得到启发，不过再经过概括提炼，以少胜多，具体而微而已。……这在小桥流水，竹影粉墙的江南更显得突出。"

除了普通的朴素的村居绿化园林外，古代还有一种风格完全不同的园林，这就是帝王统治者的苑囿。"苑"的本意是指植林木、养禽兽的地方，"囿"也是指关养动物的园子。花园称为苑囿，很清楚地表明了其特性。在《诗·大雅·灵台》中，人们赞扬了周文王"灵囿"的景色。那里有高台，有池沼，麋鹿等野兽四处出没，水鸟游鱼在水中嬉游。在这样的环境中打猎，比起跟踪野兽出没山林要省力、有趣得多。

根据艺术起源的研究，人们对于已经成为过去的生活方式，总有一种怀恋之情，常常会通过艺术手段去再现这种生活的场景，借此体验当时的情感。进入阶级社会以后，奴隶主们的狩猎活动便是这种怀旧情绪的代表。恩格斯在《家庭、私有制和国家的起源》一书中指出："打猎，在从前曾是必需的，如今则成为一种奢侈的事情了。"商代是我国奴隶社会的鼎盛时期，据商史学者的研究，当时奴隶主贵族生活已经非常奢侈，他们把精力消磨在寻欢作乐上面，"酗酒和狩猎形成了殷代社会最突出的特征"。在出土的殷代甲骨卜辞片中，不少记有狩猎活动。有时一次打猎就要"天天贞卜，连跨两月"，时间之长，范围之广令人吃惊！当然，这样的狩猎不可能有固定围闭起来的场所。随着社会的发展，越来越多的土地被开发利用，野兽只能退避到更远的山林中，因此人为地划出一块自然之地，略加整饬，粗放经营的苑囿就应时而生了。在周文王的灵囿之前，商纣王的沙丘鹿台也很著名，《史记》记纣王奢侈时特别提到他"益收狗马奇物，充仞宫室；益广沙丘苑台，多取野兽飞鸟置其中……大冣乐戏于沙丘"。自此以后，帝王也将苑囿作为戏耍宴乐之地，使之具有狩猎宴饮双重功能。

古代统治阶级恣情地在苑囿中打猎游乐的场面也能够从一些保留至今的战国、秦、汉的铜器和砖石画像上找到。如河南辉县赵固村战国墓出土的"宴乐射猎"图案刻纹铜鉴上，就刻有苑囿游乐内容。铜鉴图案正中是临水池的二层楼的主要建筑，王公贵戚们正在上层鼓瑟投壶，姬妾侍女环列在楼

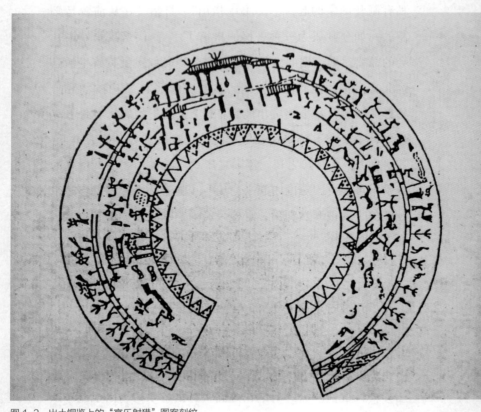

图1-2　出土铜鉴上的"宴乐射猎"图案刻纹

下。主楼两侧右设编磬，左挂编钟，女乐们正在磬边钟旁和拍歌舞。左侧有鼎镬罗列，温酒烹肉。磬前有洗马池，两个武士牵马向主楼走来，侍候王公们去射猎。左侧池中，还有勇士泛舟水上，箭壶中满插羽箭。中心游乐区域之外，则是一片林木茂密的旷野，左边三人正在弯弓射猎。右侧尽头是一张大网，许多战士在挥刀舞剑驱赶野兽进网……整幅画面表现了声势浩大的打猎游戏，以及女乐的歌舞和池上的游乐。虽然画面中还看不到今天园林中常见的山水造景，但在局部地区，特别是宴乐活动的中心区，已建造有房屋楼台，开挖了池沼，说明已具有后来苑囿的基本构景因素。

"六王毕，四海一。"秦始皇统一中国，建立起第一个中央集权国家之后，就在咸阳渭水南岸大建苑囿，"作长池，引渭水，东西二百里，南北二十里，筑土为蓬莱山"。汉高祖刘邦在立国后不久，也命萧何治未央宫："周回二十二里九十五步……台殿四十三所……池十三，山六。"也就是说，到秦汉之际，原始苑囿的面貌已完全改观，它已从纯粹以游猎骑射取乐的单一功能向着多功能发展，常常结合帝王的寝居游乐等生活活动而和离宫、高台、别馆的兴建结合在一起，造园手法也从纯任自然、很少改变环境发展到挖河凿池、堆土筑山等大规模改造地形。

真正开创园林史上的苑囿时代的是汉武帝刘彻。这位"茂陵刘郎秋风客"是一位既有雄才大略而又享乐至上的国君，他在秦始皇的上林苑基础上继续扩建营造，又在长安四周建造了西郊苑和甘泉苑等。其中最为后人乐道的是上林苑，当时的著名文人司马相如和扬雄都作长赋，非常铺张地记述了当时这座皇家花园的宏大气势和瑰丽景色。自此以后，每朝每代的帝王登基之后，只要条件许可，总要大肆建离宫，修园林，以满足享乐之需。在中国园林史上，苑囿便成了一条持续不断的主线。

同时，帝王们享尽了人间的荣华富贵，总想长生不老，永远过好日子。战国时期，齐燕方士为了迎合王公们的这一愿望，大肆宣传东海有神仙，住在蓬莱仙境中。秦始皇登基后，曾派徐福带领五百童男、五百童女远赴东海，去仙山觅寻长生不老药。这种心理上的向往慢慢地也成了园林中的一种追求，他们将现实生活中得不到的东西在园林造景中创造出来，作为精神寄托，于是蓬莱三仙山成为苑囿不可缺少的风景。另外因为传说"仙人好楼居"，苑囿中便大建高楼伟阁，并仿照仙境多方收集奇花异草，还树起高大的仙人承露盘（传说服用天上仙露拌玉屑可以长生不老）作为苑囿小品，外加神女、仙翁和吉祥动物的雕像，秦汉苑囿实际上成了人们脑中神仙幻境的物化形式。

文人园林的兴起

华夏园林发展到两晋南北朝，产生了一个飞跃。与秦汉

图 1-3　北京北海公园仙人承露盘

苑囿风格不同、注重景色意境的文人园林出现了。古典园林的这一变化是和当时的社会政治背景分不开的。从汉末大乱到隋文帝统一全国的三四百年间，战祸连绵，动乱不断，是历史上政治最黑暗、社会最混乱的时代。士大夫阶层也同样难以幸免，处于朝不保夕的境况中。在社会现实的无情打击下，主张与现实保持一段距离、返归自然的道家思想重新受到重视。特别是庄子无为浪漫、整日逍遥优游的隐士生活方式，成为许多士人仿效的对象。他们热衷于在山水间静思默想，清谈玄理，以无为隐逸为清高。这种寻求美丽的风景环境、静观世界的认识方法，对于欣赏和理解自然风景美的帮助是很大的。

在这样的条件下，一种对后世影响最大的园林——文人园林便应运而生了。这种园林不同于两汉包罗万象的帝王花园，也不同于贵戚富豪为了斗富炫耀而建的宏大华丽的私人园林，它们的主要目的是创造一个清谈读书、觞咏娱情的美好环境，让生活更接近自然，因此园中景色多自然而少人工，风格清新朴实。特别是东晋南渡之后，中原士族迁移江南，江浙一带秀丽的自然山水第一次为北方士人所发现，他们向往自然、追求山林美的审美理想像海绵吸水那样迅速得到了满足。为了就近游赏的方便，士人们有的在城中宅旁营造花园，有的在近郊林泉山水之地构筑山居别院，渐渐形成了一股爱园造园的社会风尚，在我国园林史上留下了很精彩的一笔。其中最为亮丽的人物便是宗师级的五柳先生陶渊明。陶渊明被尊称为我国田园山水诗的鼻祖，也是园林艺术中文人园林的创始人。他"少无适俗韵，性本爱丘山"，在"真风告逝，大伪斯兴"的黑暗年代里不愿为五斗米折腰，回归故里，隐居于庐山脚下，以躬耕治园自娱，看看菊花，望望南山，十分悠闲清净。这种追求，完全不同于帝王苑囿那种景多景全、穷奢极乐的享受，深为后世士大夫所仰慕。他的田园村居式花园，也成为他们效法的榜样，对后世影响极大。喜爱游园赏景的人都知道，古园的题名常常含义深隽，反映了园主人的情趣和追求。从明清至今的一些江南私家园林来看，人们最喜爱的园名每每与陶渊明有关。例如，苏州的"归田园居""三径小隐""五柳园""耕学斋"，扬州的"寄啸山庄""耕隐草堂""容膝园"，上海和泰州的"日涉园"，海盐的"涉园"，杭州的"皋园"，常熟的"东皋草堂"等均来自陶渊明的诗文。至于"涉趣桥""桃花潭""不系舟"等小景点，更是举不胜举了。

在我国文化史上，隐士自古有之，而且名声很大。一些满腹经纶、修养很高的士人不愿为官，隐遁山林，成为人人仰慕的高人贤士，被千古传颂，尧舜时的巢父、许由便是例证。然而隐逸与世俗生活是对立的，传统的隐逸方式要求在幽寂的山林中深居简出，过禁欲清苦的生活，对于大多数士人来说，实际很难做到。魏晋南北朝，老庄哲学成了时代的主要精神，上位者带头恣情山水，他们既要坐享山林之美，又不愿脱离尘世，于是便出现了"朝隐"的新观念。朝隐不要求遁迹深山，只要在城郊山水地，甚至在城中僻地上建起园林，便可在艺术创造的山水中做"隐士"。

在朝隐思想的推动下，园林活动进入了前所未有的繁荣时期。首先是城中掀起了造园热潮。据《宋书·隐逸传》载，当时"虽复崇门八袭，高城万雉，莫不蓄壤开泉，仿佛林泽"。此外，人们又纷纷寻找近城靠镇、交通便捷的山水之地建园林。像当时建康（今南京）城外的钟山、栖霞山，镇江南郊诸山，以及浙东会稽山都是园林荟萃之地。自两晋以后，朝隐思想对士大夫一直有着较大影响。清初，北京东城

图 1-4　元代钱选所绘《羲之观鹅图》（局部）

黄米胡同里建了一座很小的半亩园，主厅云荫堂曾挂有楹联一副：

文酒聚三楹，晤对间，今今古古；
烟霞藏十笏，卧游处，水水山山。

既要聚文会友，吟诗诵文，话古今大事，又要在十笏之地造出烟霞山水，供人卧游其间，实在非园林莫属。

如果说，儒道互补是我国古代艺术的主要思想线索，那么园林艺术所创造的既可出世——隐居于城市山林、啸傲泉石，又可入世——阖家欢聚、进行社交往来的生活环境，便是这一思想在传统艺术上最具体的表现。

　　另外，有一些文人虽然身居高位，但他们的园林也讲自然清雅，像会稽王司马道子的宅园，以竹树、山水的灵秀取胜；南朝宋的戴颙在苏州的园林也因"聚石引水，植树开涧，少时繁密，有若自然"而闻名；再如大书法家王羲之描写的兰亭风景，虽然看起来完全是自然的山水林泉，但实际上也经过了人工改造，例如建亭开渠、修路架桥，使之后来成了一座著名的山麓园。王羲之的儿子王献之也是爱园林成癖。一次他从会稽（今绍兴）到吴中（今苏州一带），听说顾辟疆家的园林是一座名园，就去参观。他进门也不通报，直接走入园中欣赏起来，正好碰上园主在宴请宾客。王献之旁若无人，指东道西，肆意评论了一番，惹得顾辟疆非常生气。王献之的放浪行为也一直传为美谈。当时著名的士人大多有自己的园林，如谢安、谢灵运、江总、庾信等。这些园林的规模、景色虽然各不相同，但格调上都趋于自然闲适。例如庾信在流落到北方后为怀念南方旧园所作的《小园赋》中写道："桐间露落，柳下风来。琴号珠柱，书名玉杯。有棠梨而无馆，足酸枣而非台。犹得敧侧八九丈，纵横数十步。榆柳两三行，梨桃百余树。"园中的景色可见一斑。

隋唐到宋的发展

　　隋文帝杨坚统一全国后，经济有所发展，皇家园林又兴盛起来。他首先结合都城大兴城（即后来的唐都长安）的规划，建设营造了大兴苑。后来他的儿子隋炀帝杨广又在洛阳大兴园林，修造了西苑。西苑被史家称为继汉武帝上林苑后最豪华壮丽的一座皇家园林。据《大业杂记》载，西苑周围有二百里，内造十六院，各院自成体系，四周绕以龙鳞渠，院内种植各种名花，常有嫔妃居住。各院之间植以杨柳修竹，看上去一座座院落均掩映在绿色之中。这座花园在规划上明显受到两汉苑囿的影响，园内大规模进行挖池筑山，周围十余里的水面上置以土石，筑蓬莱、方丈、瀛洲诸山，山上又建台观殿阁。然而，西苑在风景的塑造上又有许多独创之处，它充分利用洛阳水源充沛之便，将水景作为园林的主题，除了水面较大的"海"和渠之外，还分设了五个湖面，在各个院落之内又穿池养鱼，使水面既分又连，形成了较完整的水网系统。

隋炀帝为了游历东南，专门开凿了大运河到扬州观赏琼花，又连年对外用兵，这个穷兵黩武、纵情声色苑囿的统治者很快就断送了其父开创的大业。公元 618 年，隋朝被唐朝所取代。

唐代苑囿主要集中在长安（今西安）和洛阳。除了隋代留下的大兴苑、西苑之外，又在京城长安城南修了芙蓉苑，并筑了夹城（即专供帝王后妃通行的城墙夹道）将城北的禁苑同兴庆宫和芙蓉苑联系起来。郊区还营造了不少离宫别院，东郊临潼骊山山麓的华清池便是最著名的一座。

苑囿之外,文人官僚的城市私家园林在这一时期发展也很快。唐代兴科举,一般的知识分子就有了踏上仕途做官享乐的可能,儒家思想又成了士人们的主导思想。但是魏晋以来,老庄热爱自然、耽乐山林的思想已经在读书人的精神境界中扎下了根,因而当时做官的士人实际上是处在两种思想的矛盾之中:他们一方面想谋取功名,不甘心放弃都市文明的世俗生活,一方面又迷恋自然山水之美,追思先贤高士的清净隐逸。既要享受"悦亲戚之情话,乐琴书以消忧"的人间欢乐,又十分向往"湖月照我影……渌水荡漾清猿啼"的山光水色。为了解决这一矛盾,城中近郊那些再现自然山林美景的园林便兴盛起来。

当时长安的士大夫不仅在城内有各自的私园,而且在城外也有园池,如城南杜曲和樊川一带,风景秀丽,私人园池比比皆是。洛阳是东都,又有洛水、伊水贯穿城内,水源丰富,达官贵戚多在河两岸开池引水置宅筑园。诗人白居易履道里的第宅花园也在此地,花园因水成景,人称"池上园林",是当时的一座名园。

城市园林,游居虽然方便,但景色终究不如真实山林。为了能真正做到耽乐林下,这时还出现了山居别墅式的园林,即以自然山林景色为主,略加人工修饰(往往只盖几间居住的小屋)的园林。卢鸿是盛唐画家,皇帝多次召其做官,他均借故推托，后来做草堂隐居嵩山，曾作有《草堂十志图》，画的就是自己所居的山地自然园林风景。卢鸿的草堂可说是唐代最早出现的山居式园林。其后诗人兼画家王维在长安南郊蓝田山中的辋川别业、白居易在庐山的庐山草堂，都是后代文人雅士竞相效法的山地园林。当然，因为远离城市，往返不便，山居园林数量很少，但是它们利用环境、顺应自然的艺术手法，在以后大量发展起来、专享名山胜水之美的寺庙园林的构筑中，却产生了颇大的影响。

园林的发展也促进了盆景的普及。我国古代素有盆栽植物的习惯，后来山石也置立盆中，放在园林内。唐代盆景得到了帝王的青睐，成为宫廷中常见的点缀装饰。在唐高宗与武则天的陪葬墓——章怀太子墓室的壁画中，已经出现了两个宫女捧着树石盆景和果树盆景，可见盆景艺术作为园林的一个分支，已是统治阶级日常生活中的重要陈设，亦反映出此时君王的审美情趣已不再一味模仿两汉苑囿宏大的真山真水，而喜欢起小巧精致的景色来了。

唐末五代，中原地区又经受了一段时间的战争苦难，但江南经济却有一定程度的发展。吴越王钱镠父子在杭州大治宫室苑囿，钱镠的另一个儿子钱元璙封为广陵王，镇守苏州，非常爱好园林，创建了南园。那里山池亭阁，奇花美石，经营了三十年。他的部下仿其所好，也相与营建园林。今天苏州古园沧浪亭就是在其外戚孙承佑家花园的原址上经历代

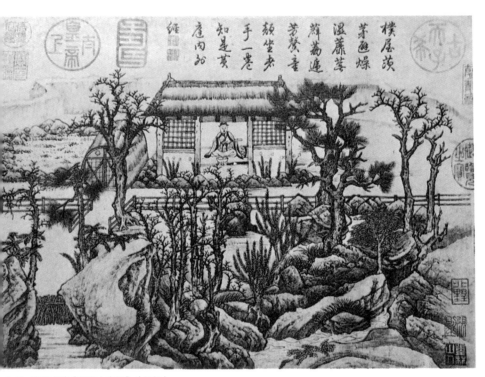

1-5 唐代卢鸿《草堂十志图》(局部)

重建的。可以推断，五代时苏州的造园活动相当繁荣。连地处偏僻岭南的南汉国君刘龑，也在广州兴建南苑药洲（又称仙湖，常聚方士炼丹于此），园中留存至今的"九曜石"中的五块，是我国最早的园林遗石，其中一块上还留有宋代大书法家米芾的题字。

北宋时造园风气更盛。京城汴梁（今开封）有琼林苑、金明池、东御园、玉津园、迎祥池、撷景园、撷芳园等苑囿，宋徽宗又在宫城东北建造了历史上最著名的皇家花园——艮岳，加上高官贵戚们的园林，汴京园林荟萃，总数共达 90 处左右。靖康之难以后，宋高宗定都临安（今杭州），统治者并不着急收复沦陷的国土，反而更沉迷于歌舞园林的享乐，所谓"山外青山楼外楼，西湖歌舞几时休。暖风熏得游人醉，直把杭州作汴州"，写的就是这种情形。此时皇家御苑有数十处，主要分布于湖滨清波门、涌金门一带。

两宋的城市园林比唐代更繁荣。《东京梦华录》中记载了汴梁附近"皆是园圃，百里之内，并无闲地"。洛阳是当时官僚致仕后的退隐地，园林数量虽不及汴梁，但也很可观，《洛阳名园记》所录就达 19 处。

南宋的临安、湖州、苏州一带，也是文人私园萃集之地。这些园林以水、竹、柳、荷等景色见长，富有江南特色，有的就近取太湖石点缀，渐渐形成园林赏石、叠假山之风，造景手法越来越多样，对以后的造园艺术影响较大。

图 1-6 苏州沧浪亭 冯方宇 摄

图 1-7 苏州网师园中的芍药 视觉中国供图

硕果累累的明清园林

明清时期，随着社会经济的发展和市民文艺的普及，我国古典园林达到了辉煌的顶点。特别是明中叶以后，北京及江淮一带，工商业极为繁荣，城市人口成倍增长，市民文艺形式也越来越多样。在小说、戏曲、版画等艺术繁荣的同时，园林也成了市民文化生活中不可缺少的一环，它从文人雅士抒发性情、追求精神享受的高级形式，逐渐变成了全民广为喜爱的普及艺术。当时有许多文人均提到了这一点。沈朝初的《忆江南·春游名胜》写道："苏州好，城里半园亭。几片太湖堆峰嶂，一篙新涨接沙汀，山水自清灵。"谢溶生在为《扬州画舫录》所作的序中也说，盛清的扬州是"增假山而作陇，家家住青翠城闉；开止水以为渠，处处是烟波楼阁"，可见当时造园活动的普及。

明清时期古园的精品硕果累累，许多名园虽然随着历史的变迁均已化作过眼云烟，但较完整地保留在当时繁荣的园记文学之中。这些文字不同于以往的山水游记，而是对各园景色的专门记述。较著名的有田汝成的《西湖游览志》，王世贞的《游金陵诸园记》《娄东园林志》，张岱的《西湖梦寻》《陶庵梦忆》，刘侗的《帝京景物略》等。到清代，园记文学更加繁荣，出现了李斗的《扬州画舫录》、钱泳的《履园丛话》这样的巨篇，有的甚至还辅以图画，如麟庆的《鸿雪因缘图记》。这些园林游记大都以清新白描的手法描述了园林景色，是今天研究明清园林结构布局和艺术处理的重要资料。

北京西北郊的海淀和城东南的泡子河周围有泉水和湖泊，造园条件很好，京师官僚及文人的花园大多集中在这里。陪都南京养有大批闲官，王府又多，而且城周有山有水，园林亦盛极一时，仅《游金陵诸园记》所载就有 36 处之多，其中中山王徐达后世的私园达十余处。苏州、无锡一带，官僚文人集中，他们辞官还乡后，多数要置宅造园，别处官员慕名到苏州来寓居的也不少，因而明中叶后形成了一个造园的高峰期。留存到现在的拙政园、留园、艺圃、五峰园等，都始创于这一时期。江浙一带其他小城镇如松江、太仓、昆山、常熟、嘉兴、湖州等地，造园活动亦十分活跃。总之，从明中叶到清初，在文化经济发达的京师和江南，无论是城市官宦家的大宅，还是乡镇小巷的普通民居，都可以见到造园活动，有力量的就堆山挖池，建楼造亭，没有力量则点几块山石，栽几株翠竹，形成了普遍建造园林、美化环境的风气。

还必须提到的是城郊风景园林的发展。作为市民节假日游乐玩耍的主要地点，也作为家庭住宅小庭院的补充，许多城邑郊区山水之地的游览园林（名胜风景区），也在这时期达到了鼎盛。类似杭州西湖的山水园林风景区几乎遍及全国。当时有人统计过，全国光是叫"西湖"的邑郊风景园林，就有 36 处。

明清园林艺术的另一个代表，是与私家园林发展齐头并

图 1-8　苏州艺圃内部

冯方宇 摄

图1-9　苏州留园的门厅　　　　　　　　　　　　　　　　　　　　冯方宇 摄

图1-10　苏州留园又一村　　　　　　　　　　　　　　　　　　　　冯方宇 摄

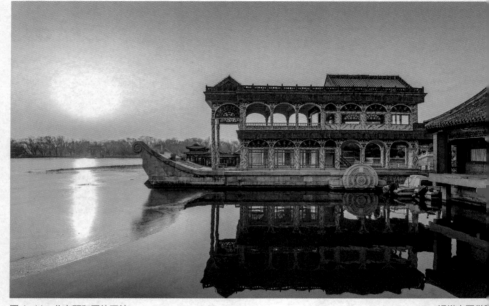

图 1-11　北京颐和园的石舫　　　　　　　　　　　　　　　　　　视觉中国供图

进的清代苑囿。从康熙到乾隆这一段被史界称为"康乾盛世"
的时期内，最高统治者在北京及其附近构筑了汉唐以来最完
整的苑囿体系，成为我国封建王朝衰败前的最后一朵奇葩。
这就是北京西北郊的三山五园——香山静宜园、玉泉山静明
园、万寿山清漪园（即今颐和园）、畅春园、圆明园。其中
规模最大、景色最全的，是称为"万园之园"的圆明园。圆
明园是平地造园，"因水成景，借景西山"，占地约 5200 余
亩（约 3.47 平方千米），包括圆明、长春、万春三园，有各
类建筑 145 组。园中水道千回万转，汇入福海、前湖和后湖
等大水面，水中又置岛屿七八十个。尺度不大而逶迤曲折的
人造山脉对空间景区进行了巧妙的分隔，造成山重水复、柳

图 1-12　清代唐岱等人所绘圆明园四十景之"正大光明"

图 1-13　清代唐岱等人所绘圆明园四十景之"上下天光"

暗花明、千门万户、无尽无休、幽深委婉的气氛。再加上建筑物、建筑群造型和组合的变化，使景色更加绚丽多姿。园中还仿建了许多江南园林名景，如福海四周就再现了西湖十景。为了使景色更富变化，提高游赏趣味，长春园北部还建了一组仿法国洛可可风格的西洋楼，装了大量喷泉水景，真可谓集世界园林精华之大成。

然而，如此杰出的艺术精品被侵略者一把火烧为灰烬。它的毁灭也是中国封建王朝穷途末路的标志。太平天国运动和鸦片战争之后，江浙私人园林毁坏大半。清同治、光绪年间虽然又有一次造园高潮，但毕竟如回光返照一般，艺术水平已大为降低，多数园林走到繁缛堆砌、格调庸俗的末路上去了，曾经辉煌一时的中国园林艺术衰落了。

图 2-1　滁州醉翁亭

第二章

不同风格的园林

　　与其他古代传统艺术一样，古典园林在它漫长的发展过程中，形成了许多不同的风格类型。要较为系统地鉴赏中国园林，首先要对园林艺术的分类有个基本的了解。

多样的园林风貌

　　我国园林，园因境成，景因园异，呈现出一片繁花似锦的景象。由于艺术风格的演变极为丰富多样，因而园林史家常常按照它们表现出的共同特点来进行分类。通常按地区、环境条件以及使用性质分为三类。

　　按地区分是指按园林所在的地点来分类。我国地域广大，东西南北的气候地理条件及物产各不相同，因而园林也常常表现出较明显的地方特性。例如古都洛阳素以牡丹闻名，其园林就大多种植牡丹为主景。又如太湖石产于长江三角洲，所以江浙园林中就几乎都有太湖石景。而广东园林的假山造景，就多以当地英德产的英石来堆叠。除了山石植物之外，园林建筑的式样也常常受到当地民居的影响而各具风采。归总起来，我国南方江南地区、广东沿海地区和四川一带的园林较富特色，于是便有了所谓"江南园林""岭南园林"和"蜀中园林"的称谓。而北京四周及山东、山西、陕西等地的园林风格较为相像，便统称为"北方园林"。这是我国古园按地区所分的四大类。

"江南园林甲天下""上有天堂，下有苏杭"，这些均是人们对江南园林风景的赞誉。江南系指长江南岸江苏、浙江的沿海地区，主要是指南京、苏州、杭州、松江、嘉兴等城市。明中叶以后，这一带经济发展较快，手工业及商业贸易均处于全国领先地位，物产富庶，市场繁荣。同时，这里又是传统的文化发达地区，教育较为普及，由读书而踏入仕途的人很多，堪称人文荟萃，诗文书画人才辈出。在自然环境方面，这里水道纵横，湖泊罗布，随处可得泉引水；兼以土地肥沃，花卉树木易于生长。除了太湖洞庭东西二山所产湖石外，江阴、镇江、宜兴、湖州等地，均有石材可作园林造景之用，因此这一带造园活动一直很繁荣，大小城镇名园荟萃。我国现存私家园林的精品，大多集中在这一带。随着造园活动的高潮，明清二代江南出现了一些著名的造园大师，如计成、张南垣等，他们原是文人，擅长绘画，不但亲自参加园林的设计和施工，而且不断进行总结，著书立说，对我国园林艺术的发展起了很大的推动作用。

一般说来，江南园林常是住宅的延伸部分，基地范围较小，因此必须在有限空间内创造出较多的景色，于是"小中见大""一以当十""借景对景"等造园手法得到了十分灵活的应用，从而留下了不少巧妙精致的佳作。如苏州小园网师园殿春簃北侧的小院落，十分狭窄地嵌在书斋建筑和界墙之间，而造园家别具匠意地在此栽植了青竹、芭蕉、蜡梅和南天竹，还点缀了几株松皮石笋，这些植物和石峰姿态既佳，又不占地，非常耐看。如果坐在书斋中透过花格窗北望，是十分精巧的对景，堪称"微阳淡抹，浅画成图"。

岭南园林主要指广东珠江三角洲一带的古园。现存著名园林有顺德清晖园、东莞可园、番禺余荫山房及佛山梁园，人称"岭南四大名园"。岭南气候炎热，日照充沛，降雨丰富，植物种类繁多。园林家为了创造出宜于游赏的环境，每每以水池和建筑作为花园的重点，周围配以高大乔木，点以山石小景。与江南园林自然式水池溪流不同，岭南花园的水池一般较为规正，临池向南每每建有长楼，出宽廊；其余各面又绕有游廊，跨水建廊桥，尽量减少游赏时的日晒时间。其他部分的建筑也相对比较集中，常常是庭园套庭园，以留出足够的地方种植花树。受当地绘画及工艺美术的影响，岭南园林建筑色彩较为浓丽，建筑雕刻图案丰富多样。植物种植注重形、色、香的配合，并喜欢谐音讨口彩，假山堆叠也有较多的象征意义（如多表现龙、虎、狮等主题）。

四川虽地处西南边陲，但历史悠久、文化发达，特别是四川盆地土壤肥沃，经济繁荣不逊于沿海，素有"天府之国"之称。那里的园林亦源远流长，富有自己的特色。蜀中园林较注重文化内涵的积淀，一些名园往往与历史上的名人轶事联系在一起。如邛崃的文君井，相传是在西汉司马相如与卓文君所开酒肆的遗址上修建的，井园占地十余亩，以琴台、月池、假山等为主景。再如成都杜甫草堂、武侯祠，眉山三苏祠，江油太白故里等园林，均是以纪念历史名人为主题的。此外，蜀中园林往往显现出古朴淳厚的风貌，常常将田园之景组入园内。诸如杜甫草堂的竹径茅亭、新都杨慎故居的平湖桂树等，均是脍炙人口的名景。另外园中的建筑也较多地吸取了四川民居的雅朴风格，山墙纹饰、屋面起翘以及井台、灯座等小品，亦是古风犹存。

北京是我国北方城市中园林最集中之处，其中很大部分是古代皇帝的花园。这些皇家花园在建造时集中了全国的人力、物力和财力，规模宏大，建造精良，是我国古典园林中的精华。苑囿之外，北京西北郊的海淀和城东南的泡子河周围，造园条件较好，也集中了许多高官贵戚和文人的园林。这些园林相对较小，其规划造景既保留了北方园林浑朴厚重的特点，又吸收了不少南方园林精巧秀丽的特点。另外，北

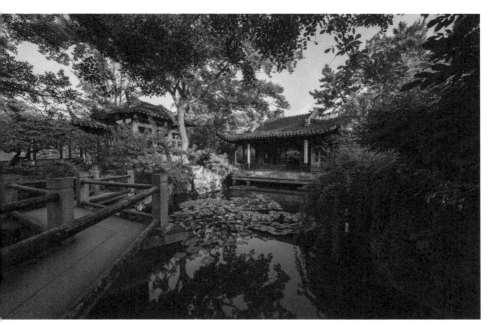

图 2-2　苏州耦园山水间与吾爱亭　　　　　　　　　　　　　　　　　　　　　　冯方宇 摄

图 2-3　登封嵩阳书院　　　　　　　　　　　　　　　　　　　　　　　　　　　视觉中国供图

图 2-4　番禺余荫山房　　　　　　　　　　　　　　　　　　　　　　视觉中国供图

图 2-5　佛山梁园　　　　　　　　　　　　　　　　　　　　　　　　视觉中国供图

方还保留了一些历史较悠久的古园，如山西新绛原绛州太守衙署的花园(古称绛守居园池)，建于隋开皇十六年(596年)，至今还丘壑残存，是我国留存最早的园林遗址。再如河南登封的嵩阳书院、山东曲阜孔府铁山园等，亦均是北方纪念性园林中的代表作。

上述按地区的分类并不是绝对的，它们之间一直在互相借鉴、互相影响，只不过相对存在着一些共同的特点罢了。一般说来，江南园林比较典雅秀丽，岭南园林比较绚丽纤巧，蜀中园林则比较朴素淡雅。

按园林所处的地形地理环境条件来分类，则可分为山水间园林、田园乡村园林和城市园林三类。明末造园理论家计成在其经典之作《园冶》中专门论述了园址的选择——相地，他把古园分成山林地、江湖地、城市地、村庄地、郊野地、傍宅地六类。稍加归并，即为上述三种园林环境。

山水之间是造园最理想的场所。《园冶》曾写道："园地为山林最胜，有高有凹，有曲有深……自成天然之趣，不烦人事之工。"又说："江干湖畔，深柳疏芦之际，略成小筑，足征大观也。"古代留下的不少名园，均是山水间园林。在我国一些著名的城郊山水风景地，如扬州的瘦西湖和蜀岗，镇江的南山，无锡的惠山，杭州的西湖之滨等，几乎每代均要兴建园林，足见人们对山水园林环境的喜爱。

并不是所有的园林都能建于有山有水的优美环境中。受

图 2-6　眉山三苏祠晚香堂

图 2-7　成都杜甫草堂

地理条件的限制，有不少园林周围是一片田野农舍，因此"团团篱落，处处桑麻"的田园风景，便成了这类园林的主要借景。古代不少文人都很欣赏田园风景，如白居易的"引水多随势，栽松不趁行。年华玩风景，春事看农桑"，范成大的"梅子金黄杏子肥，麦花雪白菜花稀。日长篱落无人过，惟有蜻蜓蛱蝶飞"。这些园景中虽然没有高山流水、湖光渔影，却透出一种恬静闲适的韵味。

城市园林相对来说环境条件较差。然而为了生活和游赏的方便，同时受到财力物力的限制，有相当多的古园还是建造在城市中。古代造园家对城中营园选址有很多经验：一是闹中取静，避开商业繁华的市肆，而在小巷深处静僻地段建园。像苏州的沧浪亭和耦园，偏于一隅，又可借入园外的河道橹声；二是近街处置住宅，而将园林游赏部分放在后面，如苏州网师园、留园；三是采用"高墙相围""重门掩闭"的方法，阻断外面传来的喧哗之声。这些均是城市园林扬长避短的处理方法。

园林史上比较常见的分类方法是按照古园的使用性质，即园林主要服务的对象来分类，这样便有了皇家园林、文人园林、寺庙园林和邑郊风景园林四种。从某种角度而言，这一分法能较全面地归纳中国古园的主要风格特征。

皇家园林

帝王是封建社会的最高统治者，在生活上往往追求奢侈享乐，他们不堪忍受宫中正规拘谨的生活，便设法大肆兴建园林，利用园林创造的理想环境来满足各种娱乐享受，这种为帝王服务的园林又称为苑囿。早期苑囿主要放养动物，之后逐步发展成工作、生活、游玩相结合的花园。按照其所处的位置和规模大小，它们大致可以分成三类。第一类，也是最小的苑囿是利用宫城禁地之中的小块空地，堆叠些假山、种些树木而形成的庭院式的花园。这些小园能局部地改善宫廷的起居环境，很受禁宫中嫔妃的欢迎。位于北京故宫最北边的御花园便是这类花园的典型。御花园东西长 140 米，南北宽 80 米，里边有 20 多幢建筑和高大的假山，还有许多奇石玉座、古树名木。因地小景多，似乎有些迫塞。除了御花园外，故宫中还有建福宫花园、慈宁宫花园、宁寿宫花园（即乾隆花园）等，都是点缀在一片黄色琉璃瓦海洋中的绿洲。宫内苑囿面积均不大，又受到轴线影响，布局较为规正。有的为了利用隙地，常沿着主要建筑物延伸较长距离，如乾隆花园便是在宁寿宫西侧宽仅 30 多米的空地上，延续了 160 多米，受建筑限制较大。

第二类是宫城近旁的苑囿。这类花园往往利用自然的水面或小山营建而成，规模较大，又离宫城较近（常常在皇城之内），游赏方便，很受帝王重视。历史上三国曹操在邺城建的铜雀台苑、隋文帝建于长安的大兴苑等均是。明清北京皇城内的北海及西苑（即今中南海），也是这类花园。

宫内小花园和宫外苑囿均处在繁荣的都城之中，往往受到城市环境的限制，不能满足帝王们恣情山水的欲望，因而他们便在京郊或更远处寻找有山有水、自然风光优美的地方造园，有的甚至将真山真水包入花园，这就是第三类，大型山水苑囿。这种大花园占地极大，景观种类齐全，又能满足帝王们工作、生活及娱乐等各种不同需要，是皇家花园中的重点。历史上汉武帝的上林苑、唐明皇的骊山离宫，以及清代京城西北郊的三山五园，都属于大型山水苑囿。

现存最完整的山水苑囿有北京的颐和园和承德的避暑山庄。颐和园在北京西北郊，距城 15 公里，它的西边是西山玉泉诸峰，山峦青葱，南边是一片平野，全园总面积达 294 公顷（2.94 平方千米）。园林北部耸立着高约 60 米的万寿山，山南是广约 200 公顷（2 平方千米）的昆明湖，山水相抱、风景优美。位于承德的避暑山庄规模更大，占地达 564 公顷（5.64 平方千米），园内有平原、湖沼、草场等，园西北面与大山大岭连成一气。在广阔的山地景区内，青山、碧溪、翠谷、繁花和奇石互相映衬，呈现出一派自然山林风光。这种园林景观，是其他苑囿所没有的。

分区明确是山水苑囿的一大特点。古代君王后妃大多生活在禁宫深闺之中，很少能享受大千世界的生活乐趣，于是郊外苑囿便成了满足他们各种欲望的地方。他们既要在里边处理政事，又要玩耍戏乐，甚至在园中建造模仿一般城市的商业买卖街景。这些不同功能的景点，在山水苑囿中往往相对集中，形成了很有特点的各种景区。大型苑囿紧靠大门之内，一般均设立宫区。据史籍记载，各朝皇帝都喜欢在园中处理国家事务。到了清代，此风更盛。自康熙以后的历代君王，除了冬至大祀和新年礼祭等重大庆典期间住在大内宫廷中之外，几乎整年生活在各苑囿中。清代从盛期到衰落期的六个主要皇帝——康熙、雍正、乾隆、嘉庆、道光和咸丰帝，死于紫禁城的只有乾隆一人，由此可知宫区是清皇帝的主要活动场所，是皇帝和后妃在苑囿中进行政治活动和生活起居的中心。皇帝园居时召见大臣、商协政事、接待各国使节、宴请来宾、接受恭贺，以及皇室成员后妃宫嫔们的寻欢作乐，主要集中在这一区域。

虽然宫区在苑囿中起着不可忽视的作用，但是造花园终究是为了游园赏景。人们进入颐和园，最感兴趣的还是昆明湖的碧波绿岛和万寿山上绿树丛中露出的红墙黄瓦。游避暑山庄，最引人入胜的也是湖区和山地的自然美景。因此，提供人们欣赏游览的广大而又丰富的苑区，是苑囿园林的真正重点。

由于苑囿是皇帝的花园，其规模宏大，设计精细，施工要求高，所以创造的苑区风景亦与一般园林不同。归总起来，有四个特点：

1. 气魄宏大，充分利用了天然山水风景的自然美。苑囿气魄宏大，首先表现在占地多、规模大，常常包含了真山真水景观。西苑三海是我国最大的城市园林，避暑山庄、颐和园、香山静宜园、玉泉山静明园等，均是范围较大的山水园林。有的甚至将当地的山水风景精华也纳入园中，例如古代著名的燕京八景中的"玉泉垂虹"和"西山晴雪"，分别是静明园和静宜园的主景。人们在一般名山胜水风景区中所能见到的自然峰岭、峡谷、沟壑、溪泉或平湖景观，大多都能在苑囿中欣赏到。

2. 巧夺天工，能创造出宛自天开的景色。有些苑囿是平地造园，境内没有真山真水，但经过设计师的精心设计，同样能创造出宛自天开的山水风景。例如，圆明园建在海淀的一片低洼地上，虽然园内只有人工堆叠和开挖的假山假水，但所创造的景色比天然的更美。乾隆帝曾夸耀说："天宝地灵之区，帝王游豫之地，无以逾此。"

3. 园中套园。这一布局方式来自皇帝的封建意识。他们要看尽人间美景，就将天下名景名园搬到苑囿中来，以便就近游赏。如颐和园中的谐趣园原称惠山园，是以无锡寄畅园为蓝本的；避暑山庄中的文园狮子林、烟雨楼、小金山等小园，分别模仿苏州狮子林、嘉兴烟雨楼和镇江金山等。

4. 主题突出，重视多姿多彩的建筑点缀。皇帝造园时，往往招聘全国的高级匠师，修造造型优美的建筑来作为景区的主题。如北海高踞琼华岛之巅的白塔和北海北岸的五龙亭及五色琉璃砖砌的九龙壁，颐和园的佛香阁和十七孔桥等，均会给游赏者留下深刻的印象。这些风景本身就是我国古建筑艺术的精华，它们的形制、色彩、造型往往是独一无二的，而对整个风景又起着画龙点睛的作用。

苑囿风景尽管千变万化、美不胜收，但又不可避免地在一定程度上反映了封建帝王的思想意识。第一，苑囿景的设置在某种程度上反映了帝王唯我独尊的思想，有些苑囿景色就一味强调高大和色彩艳丽，使得一些风景建筑与周围环境不够协调。颐和园前山承慈禧太后旨意在1886年修建的排云殿和佛香阁一组景致便是这样，这位老佛爷为了突出自己的至尊地位，故而从昆明湖北岸的码头到"云辉玉宇"大牌楼，经排云门，跨金水桥到排云殿，一直上山到佛香阁和山巅的智慧海，有一条明显的中轴线。排云殿一组建筑规模极大，全部金色琉璃瓦铺顶，殿后佛香阁八面三层四檐，高近37米，立于20米高的石台上，成为当时全国最高建筑。这样一组色彩浓艳、气势宏大的殿堂，其上下左右又罗列了许多奇阁异亭，与园林的风景环境其实是不很协调的。

第二，不少苑囿景的设置具有全国统一、四方太平的象征意味。避暑山庄在湖区集中了江南各地的名景，平原区呈现出蒙古草原的景象，而园外又建有代表着我国各族文化的

图 2-8　承德避暑山庄狮子林　　　　　　　　　　　　　　　　　　　　　冯方宇 摄

图 2-9　承德避暑山庄烟雨楼　　　　　　　　　　　　　　　　　　　　　冯方宇 摄

十二座寺庙（现存八座，人称"外八庙"），像众星捧月似的罗列四周，正体现了"移天缩地于君怀"的思想，象征各族和睦、天下太平。再如圆明园的"九州清晏"一景，也具有九州同庆的意味。甚至连一些庭院摆设，也具有这种意思，如慈禧的寝宫乐寿堂前的台阶上，左右分列了铜鹿、铜鹤、铜瓶等六种物件，表示"六合太平"之意。

第三，从秦皇汉武时代开始，帝王为了求得长生不老，往往在苑囿中仿造东海三座仙山，以此寄托他们羡慕神仙洞府的感情。这类景致在之后的苑囿中仍可以看到。圆明园福海中有三座仙岛，颐和园昆明湖中也置有三岛。在白塔山北麓山腰立有一高达数米的汉白玉柱，柱顶塑有一铜仙人托着一个荷花形铜盘，这就是仙人承露盘。虽然封建帝王也明白长生不老是不可能的，但建造这类景致以求"画饼充饥"，似乎成为一种传统，屡屡在苑囿中出现。

第四，苑囿风景中常常还掺杂着某些宗教色彩。封建帝王总是惶恐天势不顺、天下不安而动摇他们的统治，因而要借助宗教的力量。一方面以宗教麻痹百姓，另一方面也作为自己的精神寄托，祈求菩萨保佑自己的江山稳固。清代帝王为了拜佛的方便，往往在苑囿中设立寺院。颐和园的佛香阁、智慧海，避暑山庄的永佑寺等，均是著名的寺庙建筑。北海这座陆地较少的滨水园，竟然有寺庙五六处，如琼华岛上的永安寺、白塔，湖面西北隅的小西天、极乐世界和万佛楼等。

图 2-10　北京颐和园佛香阁　　　　　　　　　　　　　　　　　　　　　　　　视觉中国供图

图 2-11　北京颐和园乐寿堂前的铜瓶、铜鹿、铜鹤　　　　　　　　　　　　　　视觉中国供图

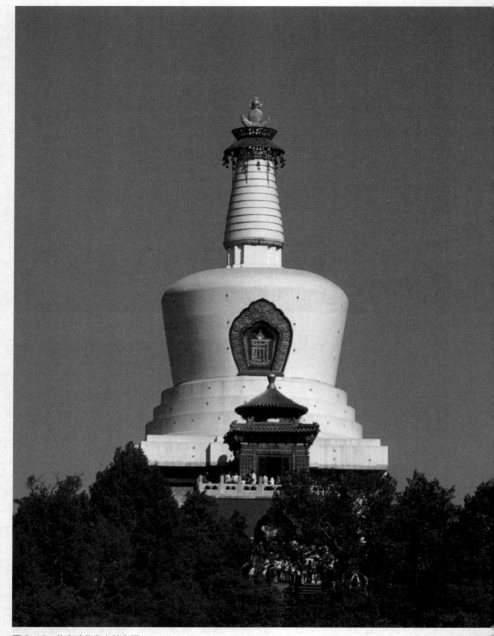

图 2-12 北京琼华岛上的白塔

文人园林

文人园林与皇家园林一样，是我国古典园林中的主要类别，它代表了民间住宅花园的精华，在园林史上的地位较高。

这类园林的主人多为士大夫知识分子。他们中有的做过官，有的终身布衣，还有的因屡考不中而弃文经商等。实际上，所有文化人所拥有的园林均可称为文人园林，它们中多数为依附于住宅的傍宅园，也有不少是退休的官僚文人在郊外山水地的别墅式花园，另外有些文人在外做官时所营建的官衙花园，按其性质而言也属于此列。因此在历史上文人园林数量最多，有不少主人是历史上著名的文学家或书画家，影响很大。

"主人无俗态，筑圃见文心。"这是明代书画家陈继儒为其友人所作园记《青莲山房》中的赞语。文人园一般较小，容纳不了许多景，没有苑囿那种宏大壮丽、摄人心魄的美景，但它别有韵味，能令人流连忘返，其关键就是园景中融合了园主的文心和修养。主人的思想境界越高，其园林所表现出的文心与诗意也越浓。

镇江焦山原是一座处于长江中的小岛，环境特别幽静。山半腰有座别峰庵，小巧玲珑，四周绿树翠竹相掩映。庵中有两间书斋，曾是清代著名书画家、"扬州八怪"之一郑板桥的读书处。门旁挂有画家手书的一副楹联："室雅何须大，花香不在多"。在郑板桥看来，好的居住环境并不在于大和多，而是要有诗意，唯其如此，才能做到以雅胜大，以少胜多。这"雅"和"少"，便是文人园林的主要特点。

在古代封建社会，文人知识分子最好的出路是入仕做官，但这毕竟是少数，大部分人只能靠教书或卖字卖画为生，经济状况并不太好，因而他们的园林大多位于自己宅傍的空地上，占地不大。这从现存的文人古园的题名上也可反映出来，如苏州壶园，因其小，整个园林空间好似一把茶壶而名。还有残粒园、芥子园、半亩园等名园，皆以小而著称。

"小"对建造园林是不利的。然而古代园林艺术家却能自如地掌握艺术创作的辩证法则，化不利为有利，在有限的范围之内创造出无限的景色来。其中的关键在于知识分子有较高的审美修养，能妥帖地构思布局和设计装点。清代园林评论家钱泳在《履园丛话》中曾说过："造园如作诗文，必使曲折有法，前后呼应，最忌堆砌，最忌错杂，方称佳构。"这是作者从江南文人园林的构思设计中，看到了造园与诗歌文艺创作的共同点。园林中的一山一水、一草一木、一亭一榭的位置，都要仔细推敲，就像作诗时必须锤炼词句一样，使它们能各就其位，有曲有藏，彼此呼应，才能小中见大地塑造出有意趣的园景来。

苏州网师园是江南颇有代表性的小园，园内的书斋庭院"殿春簃"作为我国古典园林之精华，已复建于纽约大都会艺术博物馆，其雅洁的格调、精巧的制作，深受参观者的好评。花园本是南宋侍郎史正志的宅邸万卷堂的花园，到清乾隆年间，文人宋鲁儒买其地作园。宋以网师自号，网师即渔父，颇有隐居江湖之意，从"万卷"到"网师"，透出了浓浓的文心。花园总共才约九亩地（6000平方米），景不多，主景是荷花池和黄石假山，再点些古树，置些亭廊，然而园景却十分精致、幽深，有着文人佳园清新典雅的诗意。

自住宅轿厅西首侧门入园，有曲廊通向隐在绿树山石之中的四面厅——小山丛桂轩。轩名取自庾信《枯树赋》中的"小山则丛桂留人"，以喻迎接款留宾客之意。轩侧桂树簇拥，佳石耸立，极为清幽。而透过花窗北望，但见一壁黄石假山拱立，此乃园中主山"云岗"，虽不高，但气势雄奇，幽径通处，山石自开。循爬山廊"樵风径"西而北折，便是濯缨水阁。登阁，面前一片空阔，明澈池水涵映着四周景物，令人心胸开朗。池面并不很大，只二十米见方，但因其集中置于花园中心，四周建筑山石又布置得疏密相间，高矮得宜，在较为幽闭的山石浓树中游历后至此，的确有满目清爽之感。

池四周建筑布置得十分妥帖：西边曲廊突出处为月到风来亭，是秋日赏月听风之所。由亭北游廊经三折平桥，可达池北的看松读画轩。此轩并不紧靠水池，而是退后数步，在东西廊房花墙合围下，形成一个环抱的半封闭空间。在它和大的园池空间交接处，立着三株古松奇柏，既点明了主题，又增加了北岸风景的层次。

图 2-13　苏州网师园殿春簃　　　　　　　　　　　　　　　　　　视觉中国供图

图 2-14　苏州网师园小山丛桂轩　　　　　　　　　　　　　　　　视觉中国供图

东岸，与月到风来亭隔水相望的是竹外一枝轩和射鸭廊。廊亭之南，还有一座假山，与"云岗"相呼应。两山之间，池水延伸为山涧，似乎源源泉水由此流入大池，上跨三步小拱桥一座，是水景的点睛之笔。"江头千树春欲暗，竹外一枝斜更好""竹外桃花三两枝，春江水暖鸭先知"。苏东坡这两联写春名句，是轩、廊得名之缘由，足见园主人的文心匠意。

园林家陈从周说："网师园清新有韵味，以文学作品拟之，正如北宋晏几道《小山词》之'淡语皆有味，浅语皆有致'，建筑无多，山石有限，其奴役风月，左右游人，若非造园家匠心独到，不克臻此。"可以说，网师园是文人私家园林"以少胜多，以雅胜俗"的典型。

"三五步，行遍天下；六七人，雄会万师。"人们常用这副楹联来形容中国古典戏曲以少胜多的高超技艺，文人园林亦然。它要在小范围内表现出大千世界的美景，就更要运用"以一当十"的艺术原则。园中各景，无论是假山水池，还是庭院一隅的一树一石，都要经过推敲锤炼，注入文心诗意，以实现笔少气壮、景简意浓的艺术效果。

文人园林的景色，大多比较雅。这里的雅，主要指宁静自然，风韵清新，简洁淡泊，落落大方。这一风格与以少胜多、以简胜繁的艺术原则密切相关。除了山水景致之外，文人园林的建筑装修和小品也十分雅致、朴素。园中很少有艳丽夺目的色彩，房屋几乎全为清一色的灰瓦白墙，深栗色的门窗栏杆。台基铺地亦多为青砖灰石，甚至采用更朴素大方的卵石、碎砖碎瓦，铺砌成简洁的图案，做到了艺术上的化腐朽为神奇。

文人园林的另一个特点是园林的游赏功能与居住功能的密切结合，即所谓"游"和"居"的统一。

古人常将优游山水，耽乐林泉称之为"游"，而称在风景环境中读书、习艺、清谈和宴饮为"居"，唯有达此两个境界，艺术才算完善。北宋画家郭熙说过，山水风景有"可行""可望""可游""可居"四等，只有达到"可游"和"可居"，才能称为妙品。其实，从一般意义上来讲，"游"和"居"两者是矛盾的：要游，就得离开所居的城镇；而要讲究起居生活的舒适，就得牺牲山水林泉的享受。然而，通过艺术家的匠意构思和特殊处理，能使这本来矛盾的双方辩证地统一起来，特别在城市宅府旁的私家小园中，这一特点就表现得格外明显。

留园是苏州一座著名的文人私园，它大致可分为中、东两部分。虽然这两部分主要景色不同，但均在不同程度上反映了游与居的结合。

留园的中部是以山水为主的观赏区，假山水池参差交叉，多古木溪涧，很得山林野趣。为了游居的方便，这一区域还布置了不少风景建筑：有坐南朝北的涵碧山房，厅南有幽雅的小院，中置牡丹台，北向临池有一大月台，便于盛夏纳凉和中秋赏月；有隐于假山峰峦之中的闻木樨香轩，专为秋时赏桂吟对而设；有位于假山之巅、便于登高赏景舒啸的可亭；有池中贴水而建、可观鱼小酌的濠濮亭……在这一区的东边，从南到北置列了曲溪楼、西楼、清风池馆等楼台斋馆，北边又建了一座宜于远眺郊外山水景色的远翠阁。有了这些建筑亭台，园主在这艺术再造的山水风景中起居生活就有了可能。他们可以邀友在园中吟诗唱和，可以读书清想，亦可阖家欢宴赏月赏雪……

考虑得更为周到的是，为了游赏和生活的方便，从园门起，就有一条游廊将这些建筑联络在一起。长廊曲折蜿蜒，穿山渡水，基本沿着景区的周边布置。这样既保证了山水风景的完整统一，又延长了游览路线的长度，有时又成为景区之间很自然的分隔。另外，游廊又为赏景提供了躲避雨雪的方便。东部与中部正相反，以建筑庭院为主，这里有五开间的楠木大厅五峰仙馆，又有江南园林中最大的鸳鸯厅（两个不同形式之半厅合而为一的厅堂）——林泉耆硕之馆，还有许多其他形式的建筑楼台。因此文人园的多种居住生活功能在这里表现得更为集中。

《园冶·立基》写道："凡园圃立基，定厅堂为主，先乎取景，妙在朝南。"从"游"字上看，这些厅堂本身都有各自的观赏主景。如五峰仙馆主赏南边庭院内五座倚壁而立的

图 2-15　苏州留园可亭　　　　　　　　　　　　　　　　　　冯方宇 摄

太湖石峰，林泉耆硕之馆北边便是苏州最高的名石冠云峰。在这两个主厅之间，又有汲古得绠处、静中观、还我读书处、鹤所、揖峰轩等小园，它们各自形成院落，绕以回廊，植修竹，点美石。尽管建筑较密，但仍不觉局促，透过空灵的门窗，人们依然感到环境的自然多趣。

　　北宋著名学者沈括曾著有《梦溪笔谈》，并以"梦溪"命名自己在镇江的小园，书中他曾这样记述园中的丰富生活："渔于泉，舫于渊，俯仰于茂木美荫之间……与之酬酢于心。目之所寓者：琴、棋、禅、墨、丹、茶、吟、谈、酒，谓之'九客'。"耽乐于茂木美荫之间，或垂钓，或泛舟，但又不能忘情于文人雅士钟情的"九客"，这种与自然亲近而又不偏废文化生活追求的做法，充分反映了古代士大夫知识分子对于我国古典园林游居结合的理想生活环境的钟爱。

寺庙园林

寺庙园林是我国古典园林中的又一大类。从园林学上讲，它并不是狭隘地仅指佛教寺院和道教宫观所附设的园林，而是泛指依属于为精神信仰和意识崇拜服务的建筑群的园林。在我国古代，信仰和崇拜的对象较为复杂，出现了形形色色的建筑类型，它们一般均带有园林，也带来了寺庙花园的多样化。

"南朝四百八十寺，多少楼台烟雨中"，唐诗人杜牧的这一名句，不仅写出了南朝佛寺的繁盛，而且也点出了寺院环境的优美。佛教主张空静，佛教徒们喜欢在山明水秀之地修身养性。他们主张人的肉身要与自然合为一体，从自然中吸取了悟的养料，才能获得心灵的最终解放。因此，大江南北的山水名胜之地，几乎被佛堂伽蓝占尽。今天已经成为旅游胜地的全国大小名山，几乎山山有古刹，有人曾用"园包寺，寺裹园"来形容这些寺园美丽的风景。"园包寺"即寺庙融合在山水风景之中；"寺裹园"即寺内又建有若干小园林，供香客游人欣赏，著名的杭州灵隐寺就是如此。即便是处于繁华城市的寺院，僧人们也总是想方设法在空地上植树点石，建造小园小景，有时还买下附近荒废的园池，略加修复，使之成为附属于寺院的独立花园，如苏州的戒幢律寺、上海的龙华寺、广州的六榕寺等，都有各具特色的精妙花园。

道教是我国土生土长的宗教，它的正式出现是在东汉后期。道家爱好清静、主张无为。他们认为"清静为天下正""不欲以静，天下将自定"，只要清静无欲，就可达到人类与自然的调和。因此，道士们修持内丹（气功）和外丹（炼金丹）都要寻求幽静的环境。这样，道教和佛教一样，也多喜爱在自然风景优美之地建立宫观。到了东晋，凡名山大川几乎都有道士的足迹。他们将风景秀丽的山岳和洞窟都"收归己有"，将它们封为"三十六洞天、七十二福地"。如青城山是四川著名的风景区，自然山林的特点是静、绿、香，素有"青城天下幽"的美誉，它像一座绿色的城堡耸立在原灌县城北。在这景色幽秀的名山中，散布着上清宫、圆明宫、建福宫、真武宫、玉清宫、古常道观等宫观。为了接待香客和满足游人的需要，这些宫观常常利用古迹和奇异的自然地形地物，如山泉溪流、巨石怪洞、悬岩古木等，就近设置一些亭榭小筑，形成和环境融为一体、以自然景观为主的宫观园林。城市中的道教建筑，最普遍的要数城隍庙。江南一些古城的城隍庙往往都拥有自己的庙园，如上海豫园的内园、嘉定的秋霞圃等，都曾经做过城隍庙的"灵苑"。

我国封建社会赖以统治全国的主要指导思想是儒家思想，它对传统文化的影响之深、作用之大，是佛道两教不能

图 2-16　杭州灵隐寺   视觉中国供图

图 2-17　成都青城山   视觉中国供图

比拟的。封建社会以科举取士，一般读书人为了谋取功名、踏上仕途，都要寒窗苦读，因此私塾学堂遍及全国。县、府均建文庙（孔庙），这些建筑几乎均设有园林。另外，古代还常常在山水秀丽之地设立书院，以体现"钟灵毓秀"的思想。例如，宋代最有名的四大书院中，就有三座位于名山大川风景地之中：白鹿洞书院在江西庐山五老峰下，四山回合，一水中流，泉清石秀，古木参天，风景十分优美；嵩阳书院在中岳嵩山脚下，太室山诸峰如屏环立北边，也是"山环水抱"的名胜之区；岳麓书院位于长沙岳麓山东面山下，院后即是清风峡，四周皆枫林，春时青翠，夏日阴凉，深秋红艳，景色极佳。此外，福建武夷山有紫阳书院，江西鹅湖山有鹅湖书院等。甚至河南许昌附近的小县城襄城，明成化年间还在郊外风景地修建了紫云书院，山亦改名为书院山。书院周围遍植槲树，苍翠可爱，山石嶙峋，泉水潺潺，成为当地文人学士春吟百花、夏避炎暑、仲秋赏月、冬观雪景的好去处。

除了佛、道、儒三家，祖宗崇拜是我国古代的又一普遍文化现象，东汉许慎的《说文解字》说："宗，尊祖庙也。"宗庙除了作为祭祀祖先之所，还常常是家族中议事、庆贺节日之处，多数也建有园林。在各地名山大川风景区，常常设有纪念古代名人贤士或者民族英雄的纪念性建筑，如杭州岳庙，成都、襄阳等地的武侯祠，成都杜甫草堂，陕西杜公祠，绍兴南郊的兰亭和王右军祠等，是为纪念岳飞、诸葛亮、杜甫、王羲之等历史名人而建的，实际上是另一种类型的宗庙建筑。

从这些简单的介绍可知，我国古代和信仰、崇拜相关联的园林遍及全国的城乡和名山胜水风景区。尽管它们的种类繁多，服务对象和功能不同，但是从园林艺术的角度去分析，彼此并没有悬殊的差别。除了殿堂建筑中所供奉的偶像不同以外，总体布局、风景创造等方面都有很多共同点。

首先，寺庙园林很注重因地制宜的造园原则，能够很好地利用地形，将四周的自然美景借入园内。例如，禅宗五大名寺之一浙江太白山天童寺，寺选址于山麓，三面峰岭环绕，环境幽僻，林壑幽美，只有南面前景开阔，正对南山，朝霞暮霭，山林变幻多姿，是天童十景之一"南山晚翠"的主要观赏点。从山门起的夹道松林，长约 10 千米，并没有明确的中轴线，而是随着山势呈自然曲线形。道西，又有水涧一条，人称罗汉沟。平时这水渠内泉水叮咚，雨日则急流如涌，被沟底卵石阻挡，水溅沫飞，景色迷人。这种自然美妙的水景，是城中园林所罕见的。浙江天台山国清寺，也是利用水景的很好实例。寺院处于五峰环峙的小盆地中，环境清静。寺前有两条溪涧环回，苍古的院墙顺溪流而建，古松巨樟林中清泉潺潺，入寺要步过横跨溪上的丰干桥，很有特色。这古刹茂林，青山碧溪，板桥深墙，构成了引人入胜的

图2-18　宁波太白山天童寺内部　　　　　　　　　　　　　　　视觉中国供图

图2-19　长沙岳麓书院　　　　　　　　　　　　　　　　　　　视觉中国供图

"双涧回澜"名景。

其次，由于寺庙的影响以及僧侣道士等管理人员对其不断进行维修，这些园林年代久远，一些著名的寺庙园林大多具有千年以上的历史，所以古朴是它们共同的特点。从植物景观来看，古寺园往往古木参天，多名贵树木。如山西晋祠的周柏和隋槐、河南嵩阳书院的汉将军柏、陕西黄帝陵轩辕宫的周柏等名木，古拙苍老，盘根错节，荫翳蔽日，很有观赏价值。人们还常常将寺庙殿宇前的古木看成镇守一方的象征物，使其成为寺庙的一宝。这些生机勃勃、古拙苍劲的大树，往往使人产生一种庄严、神秘的观感，而增强了园林的艺术感染力。从园林小品来看，古庙大刹往往都保存着一些珍贵的古代艺术品，如晋祠的宋代彩塑、嵩山中岳庙的铁人、镇江甘露寺的铁塔、苏州寒山寺的唐代张继诗碑和唐式青铜乳头钟等，均为著名的文物。它们所显现出的古雅美，装点于园林的自然美景中，具有很高的欣赏价值。

游览寺庙园林，常常可以看到高耸的宝塔和楼阁。这些塔楼，既是游人登高望远的赏景之处，又因为其高，每每成为园林风景中的景观标志，颇为游人喜爱。塔最初由印度传入，作为存放高僧火化后的舍利子之处，后来渐渐演变为高耸的楼塔，具备了观景和点景的双重作用。现存有塔楼的寺院较多，如镇江金山寺有舍利塔，南通狼山广教寺有支云塔，苏州虎丘有云岩寺塔，河南嵩山有嵩岳寺塔，山东济南有灵岩寺塔，泉州开元寺有双塔等。镇江甘露寺的多景楼、镇江焦山的吸江楼、南通的望江楼等，也属于这一类建筑。此外，佛教寺园还保留有不少墓塔，墓塔不如楼阁式塔那样高，它们里边一般都安放有高僧骨灰，实际上是塔形的纪念碑。墓塔往往集中置放而形成塔园，如嵩山少林寺的墓塔园、长清灵岩寺的墓塔园等。墓塔形式多样，高矮不同，是寺庙园林中又一类特别景致。

寺庙园林还有一个特点，就是带有某些综合性公共园林的性质。为了接待一些香客和游人，一些寺庙常设有生活起居和娱乐的设施。有的庙园中设有客房，以便读书人攻读或来往过客借宿。《西厢记》是人人皆知的古典戏剧，剧中张生和崔莺莺谈情说爱、私订终身之处，就是山西永济市普救寺的园林，张生当时就租住在寺园的客房中。处在名山胜水风景区的寺庙园林，更担负着迎送来往游客的任务。我国古代许多著名文学家所作的游记散文大多和寺庙相关，或是留宿于寺园中所作，或是和主持僧人的唱和对答等。

太原市西南悬瓮山下的晋祠，是一处集山、泉、洞和古木以及祠、庙于一体的综合性寺庙园林，也是自由式寺庙园林的典型。它原为纪念周武王次子叔虞（第一个分封于晋的诸侯）的祠堂，但祠园没有采用一般祠园所采用的那种松柏常青、庄严隆重的造园手法，而是创造了一处以青山为屏障、秀水相环绕、古树名木及殿堂楼台相掩映的山水风景园

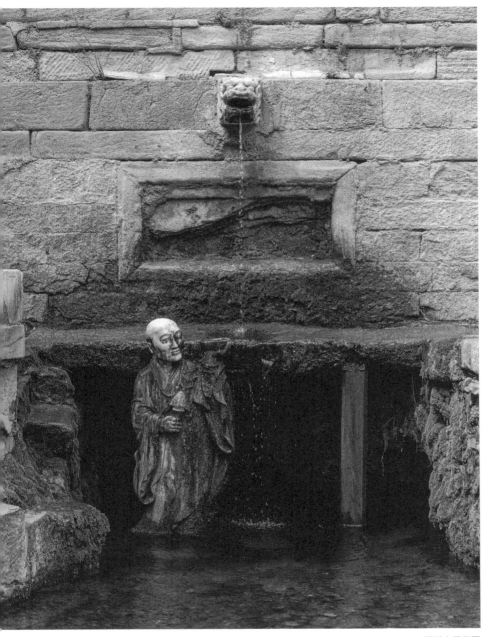

图 2-20　太原晋祠难老泉

林。圣母殿为园内主要的纪念性建筑，前临鱼沼，后倚危峰，雄伟壮观，是国内少见的保留完好的宋代建筑。殿内有宋代彩塑43尊，主像是圣母，两旁分列的是侍女的塑像。她们姿态自然，神情各异，是重要的国宝级文物。其与长流不息的难老泉和至今郁郁苍苍的周柏隋槐一起，被誉为晋祠的"三绝"。殿两侧的难老、善利二泉，是晋水的主要源头，水量丰富；难老泉有"晋阳第一泉"之称。泉水流到圣母殿前，进入方池"鱼沼"，沼上架十字形桥，组成"鱼沼飞梁"名景。再往下，泉聚而为溪，称智伯渠，蜿蜒于园内。循溪而行，是园内主要的游赏路线，可到钧天乐台、关帝庙、东岳祠等景点。圣母殿左侧有棵古柏树，据说长于周朝。关帝庙内有一株隋代的古槐，是园中著名的古木景致。整座园林，除了圣母殿和关帝庙等少数几组建筑有自己的轴线外，其他山水亭台均顺地形自由布置。在入门较开阔处，还建有演社戏用的水镜台，以供游赏者看戏娱乐之用。

邑郊风景园林

邑郊风景园林是泛指位于城邑郊外，利用原有的天然山水林泉，结合山水的治理建设，适当加工改造而成的园林风景区，是以自然风物为基本骨架、城邑居民共有的公共游览区。它们在使用性质上很接近现代公园，在规划布局上充分体现了古典园林顺应自然、美化自然的传统，可说是我国古代城市园林和名山胜水风景区中间的一个过渡。

邑郊风景园林一般都位于城郊附近两三公里之内，市民百姓在节假日能很方便地往游。有的甚至紧靠城墙，市民工余午休之时，也可前往。保存至今的这类园林有苏州的石湖和虎丘、无锡的锡山和惠山、南京的钟山、镇江的南山、兰州的皋兰山、肇庆的鼎湖山和七星岩、广东惠州的西湖、安徽阜阳的西湖和杭州的西湖等，其中如杭州西湖，紧靠市区，一到湖滨便可看到水光潋滟的水面。无锡的惠山和锡山、南京钟山也迫近城根，甚至在城内也可观赏到它们的景色。我国造园名著《园冶》在谈到园林选址时说："去城不数里，而往来可以任意。"正是总结了这类园林方便游览的特点。

从历史上看，邑郊风景园林的形成和发展要比其他园林慢。直到两宋，随着经济的发展、城市商业和手工业的繁荣，邑郊风景园林才兴盛起来。当时苑囿为皇家占有，官僚文人和有钱的大户可以建自己的私园，而生活在社会最下层的城市手工业者和商店雇员根本不可能自己建造园林，但是他们也有欣赏山水、休息游戏的要求，所以只能到近郊的山水林泉中去满足自己的欲望。久而久之，近郊自然风景优美之地便不断开发出来，成为一种公共游豫园林。

确切地说，邑郊风景园林是由许多单个园林（如寺庙园林、私家园林和苑囿）加上山水间公共的游览地组成的一个集合体，构成它的主要元素是山、水、园、庙等，既有青山绿水、洞壑溪泉、花草树木等自然景，又有亭台楼阁、危磴曲径、仙祠古刹、精舍浮屠等人工创造的景致。它有比一般园林大得多的风景地域范围，又有众多的生活服务设施和商业网点，因而它的开发和建设也要复杂得多。与一般园林不同，邑郊风景园林的形成常常是由点到面，在一个较长的历史时期内逐步完善的。这里说的"点"，主要是指一些单独的小园，其中寺庙园林对邑郊风景园林的影响最大。

桐君山是位于浙江桐庐县城外富春江和天目溪汇合处的一座小山，苍翠的山岭浮于清江碧溪中，又称浮玉山，是县城居民游玩赏景的好去处。就这么一处不大的邑郊园林，也有桐君庙、睢阳公庙、白塔等不少寺庙园林景致。在江上远望凌风飞峙的孤峰，顶上的古庙白塔便成为很好的点景。当游人沿着茂林葱郁、修竹庇荫的石级往上攀登时，行医济世的桐君老翁的传说，以及山道两边的题刻和古建筑，更为眼前的山水美景增添了神采。

邑郊风景园林的开发，还常常和各城邑的山水治理（主要是治水）结合在一起。水是城市的命脉，又是农业的根本，古代一些城市较贤明的当政者（其中有不少是著名的文人）往往结合郊区农田水利或城市供水的建设，综合开发邑郊的园林风景。例如杭州西湖，原来只是杭州湾边上的一个浅滩小湖，它之所以能誉满中外，是和历代的治理分不开的。自从汉代华信筑钱塘以后，唐李泌又修挖六井。白居易治杭州时，筑卫湖堤蓄水，提高西湖水位，使西湖对杭州的作用越来越大，名声也日益响亮起来。宋代，著名文学家苏轼两次来杭州任地方官，他爱西湖的美丽，结合农田水利，疏浚西湖，使其既可灌溉，又便航运。同时，他还从赏景的角度出发，美化西湖，增添了不少实景，如苏堤六桥等，并写下了大量赞美西湖的诗词。

邑郊风景园林占地大，具有开阔的赏景视野，这就为远距离欣赏山林溪泉、亭塔楼阁的整体气势和阴晴雨雪的变化创造了条件。与城市园林相比，邑郊园林风景有着更多的层次，更丰富的变化。在这些山水园林中，山石、林木、泉池，建筑等最基本的、实的造园景物常常能和大自然中一些活的、虚的景观如日光阴影的转换、风起云涌的气候变化等融合在一起，形成动静结合、虚实相济的迷人景致。

"若夫日出而林霏开，云归而岩穴暝，晦明变化者，山间之朝暮也。野芳发而幽香，佳木秀而繁阴，风霜高洁，水落而石出者，山间之四时也。朝而往，暮而归，四时之景不同，而乐亦无穷也。"宋代文学家欧阳修的名篇《醉翁亭记》中所描写的滁州琅琊山的美丽景色，突出了山水的明晦阴晴、四季和朝暮的变化。山水也好，泉溪也好，亭榭也好，只有在云气光影的衬托之下，才会更加显现出迷人的风采。驰名世界的杭州西湖十景的风景意境，几乎完全表现了山水亭台和云气光影、朝暮四时等虚景相结合的美："苏堤春晓"

图 2-21 西湖十景之苏堤春晓 焦菲 摄

图 2-22 西湖十景之曲院风荷 视觉中国供图

图 2-23　西湖十景之花港观鱼　　　　　　　　　　　　　　　　　视觉中国供图

图 2-24　西湖十景之雷峰夕照　　　　　　　　　　　　　　　　　视觉中国供图

是春天的早晨，观赏平湖中的一线长堤和堤上的烟柳新绿；"曲院风荷"是在夏日静坐曲院廊中，观看"接天莲叶无穷碧，映日荷花别样红"；"平湖秋月"是在中秋之夜赏一碧平湖中明月沉浮之景；"断桥残雪"是在隆冬腊月观赏古桥残雪，一片银白清冷。这四景不仅具有四季不同的景色特征，而且也反映出山水亭桥和春晓、风荷、秋月、残雪等气候景观的结合。"柳浪闻莺""花港观鱼"两景，是植物、建筑景和动物景的配合；"双峰插云""三潭印月"是山岭、园林小品与云、月的组合；"雷峰夕照"是佛寺巍塔和晚霞夕照的结合；"南屏晚钟"一景最为别致，它将寺庙古刹的钟声同宁静的湖区风景相联系，使游赏者在视觉和听觉上同时得到美的享受。

同时，为了将天光云影、鸟兽鱼虫组合到园林风景中来，邑郊风景园林的开发设计者往往有意识地对这些美好的环境进行巧妙的装点加工。为了观月色，往往依傍着开阔的水面设置平台亭榭；为了听鸟叫，往往在林中僻静处开径造廊；为了观日出，往往在山巅高处造面向东方的观日亭台；为了使夕阳西下时，山水在一片金光中显得更有层次，又常常在面向西方的山腰水际设立一些高耸的楼塔，使山水轮廓更加丰富多变；为了欣赏山峰出没在云际，则常常在山麓低平处建造适宜于仰观的亭阁……总之，邑郊风景园林中动态变幻景色的观赏，离不开周围的优美环境，也离不开造园家精心的规划。

历史和文化内涵较丰富是邑郊风景园林的又一个特点。多数园林特别是其中著名的风景点常常经过数百年甚至上千年的改造、经营和积累，经过好几代文人、画家的题咏和描绘，具有深远的人文意蕴。这也是某些著名风景园林经久不衰、游人云集的重要原因。如绍兴南郊兰亭一带的风景园林，便是因东晋王羲之的《兰亭集序》而得名；广东惠州西湖，因宋苏东坡的开发规划而驰誉。

邑郊风景园林的历史文化积淀还反映在园林景区的题名上。作为城市居民闲暇游乐的场所、文人雅士宴集咏吟之处，邑郊风景园林的山水美景之中往往包含当地主要的名胜古迹，园林景色的好坏也似乎成了衡量该城文化水准高低的一种标志，因而受到了上至地方官、下至一般文人雅士的重视。为了使园林美景代代相传，也为了与其他城市比美争胜，古代一些城邑往往邀请一些本乡知名文人画家和乡绅一起对邑郊园林的主要景色进行品评命名，最后以"八景""十景"的形式来概括出当地风景园林的主要美景。

就拿上海来说吧，虽然近郊没有山水秀丽之地，但人们还是利用了它濒江环海、平畴沃野、江南水乡的自然风光，评出了"沪城八景"（也称"申江八景"）作为邑郊园林风景的代表。三百多年前明代评选的八景是：黄浦秋涛、龙华晚钟、海天旭日、吴淞烟雨、石梁夜月、野渡蒹葭、凤楼远眺、江皋霁雪，其中除了"石梁夜月"是在城内方浜"万云桥"上观赏水中月影、"江皋霁雪"是在城楼上西北箭台（今南市大境路口）观赏田野上的皑皑白雪之外，其余全在郊区的风景地。因为少山，所以就利用了靠江近海的有利条件，选了黄浦秋涛、海天旭日、吴淞烟雨三处观水的景色，加上古寺钟声、野渡苍茫、巍楼远眺，形成了完整的邑郊园林风景体系。

我国古代，城郊八景之说风行天下，所谓"十室之邑，三里之城，五亩之园，以及琳宫梵宇，靡不有八景诗"。这种标题风景的模式作为我国园林文化的一部分，在世界上大放异彩。

与前所言的古园类别相比，邑郊风景园林的大众性和综合性是很突出的。古代城镇的一般百姓无力营建自己的私园，只得去风景园林游玩，而这些城边的山水，也是地方官员、文人雅士所乐意游赏的地方。这种不分阶级、无论官民均可同乐的园林就具有了一定的全民性。《醉翁亭记》对此有一段描述："至于负者歌于途，行者休于树，前者呼，后者应，伛偻提携，往来而不绝者，滁人游也。"背东西的人一边看景一边唱歌，显然不是士族官宦，行者也不是骑马坐车的贵人，伛偻提携者就是老老少少，可见这些山水对于城邑百姓的重要性了。明代文学家袁宏道在游记中曾多次写过风景园林游人拥挤的情况，如他笔下的苏州虎丘："虎丘去城可七八里，其山无高岩邃壑，独以近城，故箫鼓楼船，无日无之。凡月之夜、花之晨、雪之夕，游人往来，纷错如织，而中秋为尤胜。每至是日，倾城阖户，连臂而至……莫不靓妆丽服，重茵累席，置酒交衢间。"远远望去，人群好似"雁落平沙，霞铺江上"。杭州人游西湖也一样。有一次，袁宏道在春天桃花盛开时游湖，见到市民男女盛装而来，"由断桥至苏堤一带，绿烟红雾，弥漫二十余里。歌吹为风，粉汗为雨，罗纨之盛，多于堤畔之草，艳冶极矣。"

正因为邑郊风景园林游人如织，富含商机，因而引起了城市各行各业（主要是手工艺、商业买卖）的注意，他们纷纷到风景区占地开店，诸如酒肆、茶馆、旅舍、小吃店等，也有前来卖艺杂耍或推销土产纪念品的。简而言之，这些邑郊风景园林已经成为城市社会生活的有机扩展，成为市民文化活动不可缺少的舞台。

图 3-1　苏州拙政园芙蓉榭内的太湖石

第三章

山容水态之美

　　"园林之胜，唯是山与水二物。"明万历年间，文士邹迪光在为其私园愚公谷所作记《愚公谷乘》中，说了这句至诚至理的话。愚公谷俗称邹园，在无锡城外锡、惠两山之麓，与寄畅园左右相对（现旧址在锡惠公园内）。邹迪光中进士后，只做了一任湖广提学副使，就被弹劾罢官。明末刻印的《锡山景物略》中说他"归林既早，且性好土木"，所以园中"人工天巧，既生而有之，更得丹青宋明之时加指点，凡画阁回廊，迷楼曲院，总计共六十景"。当时有人评愚公谷，认为园中亭榭最佳，树次之，山次之，水又次之。邹迪光听后，很不以为然，感慨说："此不善窥园者也。"接着便说，无论园中亭台花树如何精巧美丽，但奠定一园之胜者，唯山、水二物。

　　我国古典园林的类别如此多样，也促成了园林景色的变幻复杂。人们游园，所见花影烟树，碧水回环，秀峰耸翠，亭阁翼然，真是形形色色，目不暇接。然而，这些美妙的风景都是由一些基本的造园景物联络组合而成，它们不外乎三大类：一是山水，包括园中假山、峰石及各种形式的溪池湖泉等；二是花木，主要指林木绿色植物如花草，以及与此相依的鱼虫鸟兽等小动物；三为建筑，除厅堂亭榭之外，组织游览的路、桥、廊、墙等也属此列。园林学上称之为造园三大要素，它们各有自己的艺术特征和欣赏规律。

园中山景，有真假之分。大型苑囿常包入真山，有些地方小园亦引入山之余脉来造景，像邹氏愚公谷便借入了惠山。再如绍兴东湖，面积虽小，但成功地运用了古代采石场遗址来创造天然小景，一边是长堤拱桥映波逶迤，一边是刀削般的苍古绝壁，既富江南水乡风光，又有大山雄伟之势，堪称一绝。但是，多数园林主要还是靠堆叠假山来创造苍郁的山林气氛。

山林野趣寓其中

假山是以石、土堆叠而成的山形造景，是园中创造山林趣味最常见的风景形象。它是园林地形地貌塑造的骨架，园林风景的整体风格常常与假山造景相关联。假山规模大小相差悬殊，小的依壁假山，不能登临，其实就是拼成的峰石；大的则高大雄伟，犹如一座真山，是一园的主景。

3-2 绍兴东湖堤、桥的光影变化 　　　　　　　　　　　　　　作者供图

3-3 绍兴东湖水中峭壁的美丽纹理 　　　　　　　　　　　　　作者供图

图 3-4　北京北海琼华岛

冯方宇 摄

　　北京北海的白塔山，孤峙于一片碧净的水面上，满山苍松翠柏，顶有白塔屹立，高耸入云。但是，这座看上去宛若自然的岛山并不是天然生成的，而是一座历史悠久的假山。它的历史可追溯到金代。1179 年，金统治者营造皇家花园——瑶屿的南端，扩展金海（今北海），取挖出的湖土便垒山，称之为琼华岛。当时，北宋王朝已灭亡多时，但汴京（今开封）的艮岳还遗留了大量珍贵的太湖石。为了装点琼华岛，金朝廷强迫农民南下汴京去运石回北京，以此折抵租赋田粮，这就是所谓的"折粮石"。后来有一部分艮岳遗石被乾隆拆下建造宫内的乾隆花园，但在琼华岛东北部还留下不少。今天游人在见春亭、古遗堂一带山洞，看见的玲珑美石都是艮岳来的折粮石。元代，统治者对北海湖山又进行了修建，塔山改称万寿山，金海称为太液池。到清顺治八年（1651 年）才改成现在的称谓，并在山上建塔立刹，修筑亭台。可以说，白塔山是经过历代造园家精心构思、逐步修建而成的大假山。

假山的堆叠，一般用土、石两种材料。因所用土、石的比例不同，有全土假山、全石假山和土石混叠山。土、石用量的不同往往左右假山的气势和风格。《汉书》上有"采土筑山，十里九阪"的记载，《尚书》中"功亏一篑"的比喻，也来自用土筑山，可见土假山的历史最为悠久。土山须占较大的地盘才能堆高，且山坡较缓，山形浑朴自然，很有点山野意味。但是其占地过大，一般中小园林中很少采用。我国古园现存最大的土假山是景山。景山正对北京故宫的后门神武门，和紫禁城有一条共同的对称轴线。它本来是元代大都城内的一个小丘，明永乐帝建宫殿，将开宫城护城河的泥土和清除元旧城的建筑垃圾堆在这小丘上，成为一字形横卧若屏的景山。景山几乎全是土构，占地大。山上林木茂盛，古柏参天。山有五峰，每峰上建一亭，拱卫在宫城的北边，成为建筑密集的宫廷很好的借景。

土石相间的假山通常以石为山骨，在平缓处覆以土壤。也有的以土先塑造成基本山形，再在土上掇石。这种假山最大的优点是山上林木花草都能正常生长，而且有土有石也更符合自然中山岭的形象。假山上土多的地方，就现出平缓的土坡，石多之处便形成陡峭山壁。山下还可用石构筑洞穴，也可用石铺成上山磴道，景致变化较多。上海嘉定的秋霞圃池南湖石大假山、苏州沧浪亭的大假山、苏州拙政园池中的两岛山，都是土石混合而成的，它们在园林中都起到主要的造景作用。《园冶》在谈到假山时也说："多方景胜，咫尺山林，妙在得乎一人，雅从兼于半土。"可见只要叠山艺术家技艺高超，半土半石的假山就最能体现出自然雅朴的风格。

全石之山，可以再现自然山景中的一些奇特的景观。如悬崖、深壑、挑梁、绝壁等。它的堆叠，要求较高的山水画修养和堆叠技术。一般园林中，平庸的全石假山容易产生"排排坐""个个站""竖蜻蜓""叠罗汉"等拙劣的造型。但我国古典名园的不少全石假山，由于造园家艺术造诣较高，在创作中做到了源于自然、高于自然，因而集中了自然山石景的长处，成为传世杰作。

按假山在园中的位置不同，又可分为厅山、楼山、池山、书房山、峭壁山等（按《园冶》分法）。这众多的山，各有不同的性格。由于环境条件、造景主题的不同，堆叠方法和具体艺术处理也有差异。

假山是园林艺术地形塑造、山水造景的主要骨架。离开了假山，园中许多水景、建筑景就无所依托。山形美不美，常常左右着整个园林的格调。观赏园林假山，除了对具体石

图 3-5　苏州艺圃的假山叠石

冯方宇 摄

纹、石理以及具体山石的外形质地的观察之外，主要从整体上来品评其构图是否完美、气势是否自然、轮廓是否曲折、造型是否奇特等。好的假山既是造景主体、创造山林气氛的主角，又是分隔园林游赏空间、引导游览的艺术手段。它们在园林中或作主景，或作陪衬，因高就低，随势赋形，和建筑、路径、植物和水体自由结合，共同创造了丰富的景观。

计成在《园冶》中说："未山先麓，自然地势之嶙嶒；构土成冈，不在石形之巧拙。"讲明了假山设计要随地形之高下，才会获得自然的气势，而不在于某几块山石的美丑，因而其关键在于布局。一些倍受赞誉的著名园山，都是依画理、定章法，峰峦冈涧开合对比妥帖，而又能让游赏者感到虽假似真的大手笔。例如苏州环秀山庄的湖石假山，并无一块名贵的奇峰异石，其之所以被誉为叠山范例之最、诗中之李杜，主要还是其势能夺人。

环秀山庄是一个仅有三亩多地（约2000平方米）的小园，得力于清代著名造园家戈裕良的深湛技艺，在有限的面积之内，堆叠了绝妙的湖石山，并辅以溪流小池，使方寸之园现出质朴的自然山林风貌。园中主山在池东，前后分两峰。前峰直起于水面之上，虽不高，但巨石嶙峋，气势雄伟，是堆得绝好的峭壁峰，山中构筑有洞；后峰稍矮，甚为秀润，两峰间有幽谷断崖，其间植有数株古木，荫翳森然，此外还有几座小峰环卫左右，层次分明。山峰石壁均稍微向西南倾侧，

图 3-6 苏州环秀山庄的湖石假山和曲桥　　　　　　　　　　　　　　　　冯方宇 摄

呈现出明显的脉络走向，加上湖石的纹理体势，给人以形同真山之感。

更为人称绝的是山中游览小道的设置。此假山堆得既秀丽又雄险，但如果山上无路可通，只能看不能游，则会变成巨大山石盆景，其艺术魅力便顿减。所以假山的美是与游路的安排、亭台的布置分不开的。陈从周先生在《苏州环秀山庄》一文中，对此有详细的描述：

主山位于园之东部，后负山坡前绕水。浮水一亭在池之西北隅，对飞雪泉，名问泉。自亭西南渡三曲桥入崖道，弯入谷中，有涧自西北来，横贯崖谷。经石洞天窗隐约，钟乳垂垂，踏步石，上磴道，渡石梁，幽谷森严，荫翳蔽日。……至于后山，枕山一亭，名半潭秋水一房山，缘泉而出，山蹊渐低，峰石参错，补秋舫在焉。

如此峭壁、洞壑、涧谷、飞泉、危道、险桥、悬崖和石室等景色，不亲身游历，是不能领略其中趣味的。这座占地半亩的小假山，却辟有六十余米的山径，盘旋起伏，曲折蜿蜒，将山上山下所有精华之景都串在一起，使湖石假山玲珑剔透、变化万千的美统统显现出来，真不愧为我国园林艺术的一块瑰宝。

园林假山的气势和风格，与所用石料的性质有关。现在园林中用得最多的是太湖石和黄石。太湖石属于石灰岩，主要成分是碳酸钙。由于水中或空气中的二氧化碳对石质中可溶物质的溶蚀作用，太湖石表面极易产生凹凸，逐渐又形成小涡。小涡纵长发展，就成了一条条罅隙。罅隙又加宽变成沟。向石身内部发展的沟要是穿通两头，便成了洞。发育良好的太湖石，大小沟罅交织成疏密有致的皱纹，涡洞相套而有层次，形成了湖石山外形圆润柔曲、玲珑剔透、涡洞互套、皱纹疏密的特点。它是我国山水画技法中荷叶皱、披麻皱、解索皱、卷云皱的现实蓝本。黄石属于细砂岩，具有纵横交错的节理。由于水的冲刷和风化作用所产生的崩落，黄石都是沿节理面分解的，形成大小不等、凸出凹进的不规则多面体，石面平如刀削斧劈，棱角分明。这些性质使黄石山具有刚硬平直、浑厚沉实、层次丰富、轮廓清晰的形象特征。它们也是我国山水画技法中大斧劈、小斧劈、折带皱的原始依据。

正因为湖石山和黄石山具有截然相反的特征，园林中常常将它们作为互相对比的主题分置在相近的两个观赏空间之中。除了上海豫园北部山景中的大小假山分别为黄石山和湖石山以外，苏州拙政园远香堂南的黄石山和枇杷园玲珑馆前的湖石山也互为对照，上海嘉定秋霞圃水池南北相对的两座假山亦是一湖石山、一黄石山。造园家利用了不同假山的刚柔对比，使游赏空间序列体现出一定的节奏和韵律，增加了游赏假山的兴味。

我国园林中的假山和自然山水中的真山相比，显然包含着"假"的成分。但是这个"假"是从"真"转化来的，是对"真"的提炼。古代造园强调"有真为假，做假成真"，就是这个道理。人们在观赏风景中的假山时，也要"看假成真"，在思想上经过一个由假到真的转化。古园中的假山，常常具有较深刻的寓意，它在风景中的主题含义，要超出本身的形象。只有领悟了这些蕴含在形象中的深层意义，才能完全地把握山景的美。《园冶》中说的"片山有致，寸石生情"，就是说利用比拟、象征使游赏者产生联想的造景手法。人们看山景，要有一个从景引起情感活动，然后再反射到景的认识过程。只有这样，才能达到情景交融的境界，产生置身于真实山林的感受。

创形象以为象征，这是中国古典艺术创造的一个重要方法。园林假山要在较小的范围内收尽自然山林的美景，也常常应用艺术的象征或隐喻的手法，赋予有限的山林风景形象以无限的意味，使一般的园林景物具有更高的观赏价值。

"一勺代水，一拳代山"，这是古代造园理论中常见的话语。一勺是指很少的一点水意，一拳是指如拳大小的山石，却可以表现出山水林泉的无限美景，其本身就具有较丰富的象征意味。古典园林，特别是江南文人私园，其地有限，其景无多，要塑造富有山林趣味的景致，多少要依靠山石和水景的隐喻。其中很主要的一条便是"有真为假，做假成真"。

扬州个园，不仅以竹闻名，它的四季假山在国内园林中也是独具一格的。在现实世界中，四季不能同现，四季山的造景本身就包含着"有真为假，做假成真"的意味。

一年之中春最早，春山就在园门入口处。这是一组山石花台造景：但见台上修竹丛植，竹间点着几株石笋，以雨后春笋的比拟启发游人"春来"的联想。竹林后为漏窗粉墙，竹石光影投射于墙上，日走影移，颇具春日山林之趣。

从两座花台春景中步入园门，迎面便是一座四面厅。由厅西首轩廊出，经过一片密密的竹林，便来到水池边上。隔水往北望去，只见蓝色的天幕之下，立着一座苍古葱郁的太湖石假山，下洞上台，姿态玲珑多姿，状若天上云朵，这便是夏山。山前一泓清水，水上架曲桥一道，达于洞口，使水尾藏起，予人以无限幽深的观感。池中植荷点石，"映日荷花别样红"，突出了夏的主题意境。

渡曲桥来到山下，只见山岸曲折，石矶穿水，溪流环绕，水声淙淙，以下秀木繁荫，有松如盖，清幽无比。在藤葛蔓延的石缝中又透出晶莹的滴滴水珠，更是增添了夏日的凉意。

步入洞室，初时颇感阴森幽暗，继而习惯了斜上方石隙中透下的丝丝光线，便觉得洞室颇大，曲奥深邃。洞壁垒石变化多端，莫穷其变，外边池水又分出一支流入洞中，加之

图 3-7 扬州个园入口处的竹林 视觉中国供图

图 3-8 扬州个园抱山楼 视觉中国供图

湖石色呈青灰，夏日在洞中小憩，更觉凉爽。石洞深处有岔道蜿蜒，平折而出，可达长楼底下。要是拾级而上，数转即可到达山巅，顶上新建了一座小亭，亭前有古松一株，松枝虬曲，伸出崖际，增添了夏山葱郁的气氛。

由山顶小亭可转至位于花园北部的七间长楼。循楼东行，经过架空的复道廊，可达位于园尽东头的黄石大假山——秋山。假山主面向西，每当夕阳西下，红霞映照，色彩极为醒目，光阴变幻之中，嵯峨山势毕露，危崖峻峭凌云，气势磅礴。在悬崖石缝中，又有松柏傲立，其浓绿的枝叶与褐黄色的山石恰成对比，宛如一幅秋山图。山巅有亭，人立其中俯瞰全园，但见古树掩映，鸟声清越，绿水漪漪，眼耳俱适。以前，这里向北可远眺绿杨城郭、瘦西湖、平山堂及观音山诸景，借景极佳。我国古代向有秋日登高远望的传统，此座假山是全园的最高点，又以重九登高来渲染了秋的主题。

秋山外形高峻突兀，其结构甚为复杂，山中磴道、石台、石洞及小筑交叉融合在一起，形成一条扑朔迷离的立体游览路线。从顶部秋山亭，有三条磴道可下。其中一条由洞口入，两折之后，依然回到原处；还有一条磴道也是两转而出，直抵西峰绝壁处，游人至此，往往迷途而折返；唯有中间洞中磴道，可以深入群山之间。山腹中筑有幽室，有光自洞天外来，全室皆明，室傍岩而筑，有窗洞，有户穴，有石凳石桌，可容十数人。其外，则是四壁皆山的谷地。由于此秋山设计巧妙，堆叠技法又十分高超，其峰峦造型颇似黄山气势，故一直受到造园界的重视。

秋山南边三楹小楼之西，别有一幽静景区，其主体建筑是题为"透风漏月"的小厅。厅南有一用宣石平叠的花台，台上倚着花园南界墙，有几峰宣石倚壁而立，这便是冬山。宣石产于安徽宣城，其色洁白如雪，又称雪石。这一区原是冬日围着火炉边赏雪边品茶的地方，为使假山平日有雪意，便将峰石置墙下背阴处，这样从厅中望去，台上小山一色皆白，犹如积雪未消，点染了山之冬意。

宣石山的西侧墙外，便是个园入口。为使冬天意味更浓，墙上有规律地排列了二十四个圆形窗洞，每当西风吹过，这些洞孔犹如笛箫上之音孔，发出不同声响，像是冬天西北风的呼啸。更为巧妙的是，当游人通过这些漏窗洞，看到的是春景的翠竹和石笋，马上又激发起"冬去春来"的联想。

石峰的欣赏

游览中国园林，人们常常会被单独置立的各种奇石所吸引。这些具有鲜明形象特征的孤赏山石就是石峰，它是我国古园特有的艺术品，在世界园林史上享有较高的知名度，有人称之为天地造化创作的天然抽象雕塑。

石峰是纯自然之物，一拳一石包孕着自然山林之美，宋杜季阳在《云林石谱》序中说，石峰是"天地至精之气，结而为石，负土而出，状为奇怪……虽一拳之多，而能蕴千岩之秀……"所以，石峰虽然只是一块石，却具有一般土石造景材料所没有的审美价值。它的作用和山水画的"咫尺山水，蕴千里江山"有异曲同工之妙。"缩得孤峰入座新"，古代文人和造园艺术家将天然美石置于园林，本身就具有一种象征意味。石峰置立很灵活，主要有点、屏、引、补四种，加上它所包孕的深远意味，在园林造景中发挥了很大作用。

点峰在园林中应用最多，一般庭院空间的山石主题，小斋旁、水湾边的点缀以及假山上、池中的孤赏峰石，都是点峰，它们本身形象特点明显，宜于静观细赏，又每每有点明主题的作用。

苏州有座明代古园，叫五峰园，以五座玲珑多姿的湖石峰而出名。这五峰高下相依、顾盼有致地立于一小假山上，使本来景色平平的假山变得生动而多姿，是很好的一组点峰。再如上海嘉定的汇龙潭公园，移来了原周家祠堂园的一座名峰——翥云峰，立于一较宽敞的庭院之内，成为引人注目的观赏主题。另外像北京中山公园的青云片峰、青莲朵峰，苏州留园的冠云、岫云、瑞云等名峰，都是点式布置的石峰。水池中的石峰一般均为点峰。

屏峰是指能部分遮挡视线，起到分隔景区作用的石峰。这类峰石，一般要有一定的体量，有时也可数峰并用，达到屏蔽的目的。北京颐和园前山东部的乐寿堂，是清乾隆皇帝游园休憩之处，后来也是慈禧太后的住所，堂前有一横卧在石座上的巨石，将庭院一隔为二，这就是著名的青芝岫峰，是很典型的屏峰。当年乾隆对此石十分欣赏，曾有"居然屏我乐寿堂"之句。再如北京圆明园时尝斋前原来也有一整块的大石屏立于房前，这就是现在北京中山公园来今雨轩前的青云片峰，当年乾隆亦有"当门湖石秀屏横"的赞词。杭州西湖小瀛洲岛上的湖中湖上，有一座十字形曲桥，其旁是康有为手书的"曲径通幽"碑，为不使游人视线通达，在中心湖中点了一座石峰作隔，是屏点结合的应用。

引峰是指能指示方向、引导人们游览的峰景，一般利用各庭院之间的月洞门、花式漏窗来泄露峰石，以招引游人。苏州留园东部五峰仙馆后庭倚墙有一山廊，在到达鹤所之前有一个曲折，形成了一个廊外小院，内置一座外形很特殊的小峰——累黍峰，峰身上有许多黄色小石粒凸出，好像珍珠米相叠，吸引人们沿廊前来观赏。当人们依栏静赏之后，抬头忽见右侧白墙上有一瓶形洞门，透出隔院如画景色，便会很自然地往前游去，这小峰实际上起到了接引景色的作用。北京故宫御花园以峰引景，较为别致。每当游人步入乾清门两边东、西两路长长的甬道，便见两座太湖石峰位于甬道尽头的石座上。青灰色玲珑多姿的峰石，衬以红墙黄瓦，色彩对比非常鲜明，宛如招引游人入御花园游玩。钦安殿前小院以矮墙与御花园相隔，东西两侧门外置有两座小峰，高矮相

3-9　苏州留园冠云峰

冯方宇 摄

图 3-10 苏州留园岫云峰

冯方宇 摄

图 3-11 北京颐和园乐寿堂前的青芝岫

视觉中国供图

当，石座统一，衬以青松翠柏，亦起到引景作用。

补峰犹如绘画的补笔，在园林大体完成之后，对于某些景物不平衡或缺少主题的欣赏空间，常常补点一些小峰，称为补峰。例如曲廊转折处形成的三角形小院中的点石、假山近旁随置的散石均是。这些峰虽然不很大，但对艺术整体的完善有着不可忽视的作用。

石峰的屏、点、引、补，并无绝对之界线，一石往往兼具数种功用。如上海豫园玉华堂前玉玲珑及联立左右的两小峰，其中玉玲珑为江南三大名峰之一，是著名的观赏主题，同时这一组峰又分隔了风景空间，具有遮挡视线的漏屏作用。

石峰按其置立方式，又分为立峰、坐峰和卧峰。江南园林多自然底座的立峰，看上去如生根于地上。北方帝王苑囿则多将名峰坐置石上，石座本身雕刻精细规整，和自然飞舞的峰石相对照，别具异趣。而山脚池畔之散点小峰半埋半卧，可以供人卧坐抚玩，便是卧峰。

石峰造型独特，很有点像当今西方的现代派雕塑。它们有的浑厚，有的瘦削，有的顽拙，但不管是何种神态，都具有多变曲折的外形轮廓线。所以欣赏石峰，第一是赏它的线条美。中国传统书画艺术讲究线条，园林峰石也重线条，那飞舞跌宕、柔和圆润的外轮廓线如行云流水，那刚劲有骨、雄健敦实的峰石又似奔马走兽。而不同的石质、不同的纹理，又有不同的线条美的表现。自由流动的线比规划整齐的线含

图3-12　上海豫园三峰并置，中间为玉玲珑　　　　　　　　　　视觉中国供图

有更深的美。

其次是赏石峰形体的美，如块面的虚实、凹凸、平峻，以及光影中明暗色彩的变化。好的石峰，本身就具有旋律的变化：这高那低，这皱那平，这透那实，这凹那凸，并有着多变的石纹石理和褶裥。不同季节、不同时辰的光阴气候辅助合宜的陪衬，又为它们增添了妩媚，给游赏者的印象之多变、观感之丰富，是无与伦比的。这里衬以白墙，旁植几竿新篁，月光似银，清影移墙，是一幅很好的水墨竹石图；那边置于水旁，岸芷汀兰，波光石影，隔岸相望，疑入鲛宫；有的则立于斋边小院，配以芭蕉几叶，仲秋夜雨，推窗外望，声形俱美。这些园林中常见的石峰造景，综合了形、影、

声、色的多种形式美，能引起我们强烈的情思活动和美感体验。

关于石峰的欣赏鉴别，历代的好石者有不少论说，标准也不尽相同，归纳而言，可用"透、瘦、皱、漏、清、丑、顽、拙"八个字来概括。透就是玲珑多孔穴，前后能透过光线，外形飞舞多姿；瘦是指石峰的整体形象要苗条，忌肿肥，能露出石骨棱角；皱是石身上起伏不平，有节奏的明暗变化；漏是讲石峰内有孔穴上下相通，好像有路可通。这四条是从具体形象来判别石峰的标准，而清、丑、顽、拙，则是从石峰的整体气势上来品评。清者，阴柔；丑者，奇突；顽者，阳刚；拙者，浑朴。当然这些鉴别标准彼此常常相互联系、相互渗透，它们在好的石峰身上是辩证统一的，从而形成了石峰的总特性。一般来说，凡经前人品评过的名峰，其个性也强烈，具有较高的欣赏价值。

在中华民族的古老文化中，石占有较重要的地位，有许多美好的传说。从女娲炼五色石补苍天，到曹雪芹以补天遗于青埂峰下的奇石为引子而写出的长篇巨著《石头记》（即《红楼梦》），就是古代士大夫知识分子爱石、品石的形象轨迹。古人认为云触石而出，肤寸而合，《毛传》中也有"山出云雨，以润天下"的说法，所以园林中的石峰命名，几乎都含有"云"字，江南名峰中，就有瑞云、岫云、冠云、朵云、紫云、绉云等。因此人们喜爱在园林中置放石峰，并非仅仅为了品赏石峰美丽的形象，还寓托了他们对石峰品格的赞美。

园林置树石峰还和不少古代著名的文学家、画家的佚事有关。唐代的杜甫、白居易均喜石，白居易还专门作《太湖石记》来赞美园林太湖石峰，并评论说"石有聚族，太湖为甲"。此后，宋代的苏轼、米芾，元代的赵孟頫、柯九思等都酷爱奇石。特别是米芾，一次他看到花园中的一块奇石，竟然穿上官服下拜，呼石为兄，人称"米颠"。后世文人以米芾为榜样，仿效者不乏其人，画家作拜石图、园林建拜石亭、拜石台，等等。现在北京颐和园的石丈亭、苏州留园的揖峰轩、怡园的石听琴室等以石峰为主题的景区，均受到米芾拜石故事的影响。所有这些故事和传说，均增加了石峰的品赏内涵，使它成了中国园林中最耐人寻味的风景之一。

清池涵虚话止水

不识南塘路，今知第五桥。

名园依绿水，野竹上青霄。

这是杜甫《陪郑广文游何将军山林》一诗的起首几句，点出了名园与绿水的关系。水景是园林中最富魅力之物，它同山石景互相辉映，相得益彰。关于山水与风景美的关系，古代众多画论中均说得很透彻，如清郑绩在《梦幻居画学简明》中就说："石为山之骨，泉为山之血。无骨则柔不能立，无血则枯不得生。"因而水是中国园林艺术活的灵魂。

苏州曾有座以水擅名的小园叫水哉轩，清代文人尤侗在《水哉轩记》中借主客的问答讲出了园林水景的作用：

> 予曰：吾何取哉？……若夫当暑而澄，凝冰而冽，排沙驱尘，盖取诸洁；上浮天际，水隐灵居，窈冥恍惚，盖取诸虚；屑雨奔云，穿山越洞，铿訇有声，盖取诸动；潮回汐转，澜合沧分，光彩溟漾，盖取诸文。

这洁、虚、动、文四字是对园林动静不同的水景美的高度概括。

我国园林中的水，着重取其自然。水可分为动态水和静态水，像平湖池塘的水，基本是静止的；而山溪泉瀑之水，则表现出不同的动态。一般来说，我国古园的水景以静态为多。那些因水成景的滨湖园林，或以水池为中心的城市园林，大多有着一平似镜的水面。静谧、朴实、稳定是静水的主要特点，这也是静水深受古代文人雅士欢迎的一个原因。

园林之水虽静，但不是那种无生气的"死静"，而是显出自然生气变化的静。水平如镜的水面，涵映出周围的美景，呈现了虚实变幻而迷人的美。那蓝天行云、翠树秀山、屋宇亭台等，仿佛都悬浮在水下，使人联想起天上的神仙府第。而当视线与水面夹角增大时，反射效果减弱，这时透过清澈的水面又可以看到水草的飘忽、鱼儿的游动。要是微风吹过，在水面上激起层层涟漪，这水又像是轻轻抖动的绿绸。"清池涵月，洗出千家烟雨""池塘倒影，拟入鲛宫""越女天下白，鉴湖五月凉"等，都是人们对园林静水的赞美。清代，杭州有一文人私家园林，其名就叫"鉴止水园"。止水，静也，这园名充分反映了园主人对于静水景色的喜爱。

水面虽静，但是造园家处理的方法是多变的，能将静水的特点发挥得淋漓尽致。园小水面窄则聚之，缘岸设水口和平桥，使水域的边际莫测深浅，或藏或露，不让游人一览无余。漫步水际，水回路转，不断呈现一幅幅引人入胜的画面。这样，水体虽小，却使人有幽深迷离的无限观感。大园水面宽则分之，平矶曲岸，小岛长堤，把单一的水上空间划分成几个既隔又连、各有主题的水景，形成一个层次丰富，景深感强的空间序列。

北京颐和园昆明湖水面浩瀚，要是这一大片水面中空无一物，看上去未免单调。古代造园家在水中置了几座大小不同的岛，又以桥堤相连，使单一的湖面变成远近皆可赏的美景，表现了古代造园家处理大面积静水的高超技艺。当游人站在佛香阁上俯瞰湖水，最先注意到的是一颗镶嵌在粼粼碧波中的翠珠——南湖岛（又叫龙王庙岛、小蓬莱）。南湖是昆明湖中直接与万寿山前山相接的一个水面，葱翠的小岛位于湖中央偏近东堤，岛北岸的涵虚堂与佛香阁隔水相望，互成宾主，成为这一片湖景的构图中心。造型精美的十七孔长桥又将南湖岛和东堤上八角重檐的廓如亭连了起来，使得岛、桥、亭犹如半边屏障，将昆明湖水面分划成南北既分开又通连的两部分。在水面西部，又有蜿蜒缓曲的西堤和六桥平卧湖上，与南湖岛遥相呼应。再加上远处在湖中沉浮的藻鉴堂和凤凰墩等小岛，使单一的水面变得层次丰富有味。从主要观赏区万寿山前山看湖景，但见水上有岛的配列、堤的穿插、桥的联络，点线结合，主题突出，加大了湖面南北进深。从这一水景展开去，则是一望无际的园外平畴沃野和远山点点，它们一起组成一幅旖旎壮阔、锦绣无边的画面。

江南文人园林中的水面虽然要比苑囿中的小得多，但造园家也能根据不同的环境条件，创造出许多韵味各别的水景。苏州拙政园是因水成景的古园，整个水面要占到园林总面积的四分之三，主要建筑十之八九皆临水而筑。园中水池的左右筑有两座山岛，将正厅远香堂前的大水面分成前后两部分。而荷风四面亭前的五曲小桥又空透地分划了水面，使池水向西一直流渗过去，现出弥漫之势。最令人叹为观止的是园内小沧浪水院的设计：出主厅远香堂的临水月台经倚玉轩，循游廊而行，不久便可见一座廊桥横跨水上。桥身微拱，造型轻巧，朱栏之上是一卷青瓦小顶，恰似一道彩虹飞接两

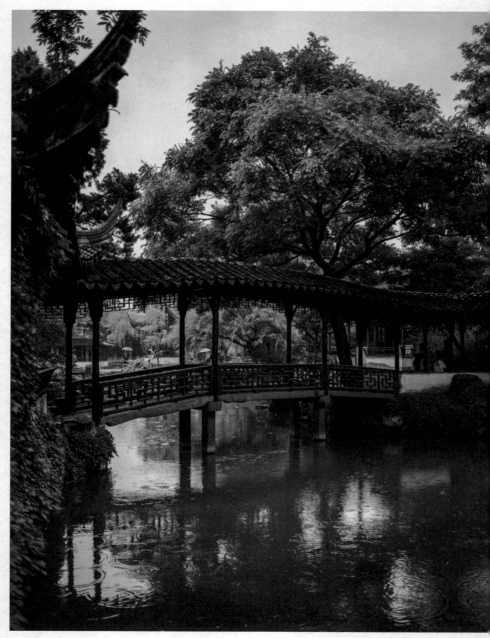

图 3-13 苏州拙政园小飞虹

冯方宇 摄

图 3-14　苏州网师园竹外一枝轩（最左侧）　　　　　　　　　　　　　　　　　冯方宇 摄

图 3-15　北京颐和园昆明湖　　　　　　　　　　　　　　　　　　　　　　　视觉中国供图

岸，这便是水院的门户"小飞虹"。大池之水，从五曲桥下流来，又缓缓经廊桥直至小沧浪。小沧浪是空架在池上的三间小斋，南窗北槛，两面临水，南面是幽闭的小小水庭，十分幽静。坐斋中推开落地长窗北望，两边贴水游廊对面的小飞虹廊桥构成了完整而又开畅流通的水院。静水中，略点几块步石，岸边石矶上灌木葱葱，构成一幅江南水乡的恬静图画。透过小飞虹的栏杆和桥脚，但见造型轻巧的荷风四面亭伫立于水面，远处还可以看到见山楼和水中山岛上的林木。在纵深七八十米的水面上，层次丰富，景观深远，湖光倒影，满目清新。

像苏州网师园和上海嘉定秋霞圃这样的小园，自然是将水集起来，以加强水景的分量。园内主要景色和观赏点往往作环池布置，假山、古树、亭台建筑都凭借水面，使景色更美，正合"名园依绿水，野竹上青霄"的诗意。然而，小园的水景也不是一聚了之，而是讲究集中之下的小分和引伸，如秋霞圃舟而不游轩旁伸入假山的水口、"山光潭影"对面的长长小涧和其上横跨的曲桥，均是对聚水的扩展和引伸，旨在增加水景的深度和层次。

有些园林，地处水位较高的河网地区，则可得天独厚，造成园浮水上、景皆贴水的佳景。江苏苏州市同里镇是位于太湖边上的水乡，地低水高。镇上清代所建的退思园中，所有山、亭、馆、廊、轩、榭皆紧贴水面而建，看上去好像是

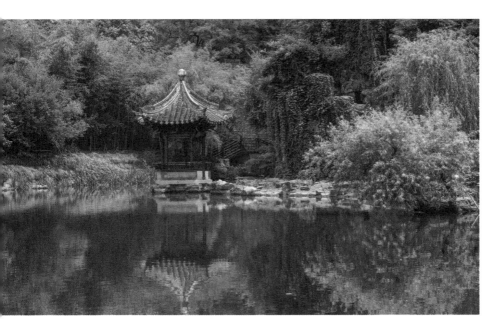

直接从水中长出来似的，是名扬江南的贴水园。

　　一般来说，园林之水，水位宜高，使山林建筑皆近水，游赏起来使人们感到与水亲近。南方园林比北园秀，近水、贴水也是一大原因。又如江苏如皋的水绘园，是明末名士昌辟疆和金陵名妓董小宛隐居之处。园中水景如绘，"面水楼台，掩映于垂柳败荷之间，倒影之美，足以入画本"。园中主厅叫水明楼，处于水院之中，周围绕以水花墙，里面各成小院，点石栽花，非常明净雅洁。这以水来绘园景的古园，足以让人们联想起当年名士才女生活在此园中，歌吟互答、卿卿我我的场面。

活泼的动水景

园林中的动水，系指山涧小溪及泉瀑等水景，它们均表现出不同的动态美。

济南，素有泉城之称。北魏地理学家郦道元在《水经注》中赞扬济南泉水"固寰中之绝胜，古今之壮观也"。而泉水之美和园林之美合在一起，更令人赞叹不已。清刘鹗在《老残游记》中描绘的"家家泉水，户户垂杨"的景色，指的便是这种林泉合一的美。作为一种动水景观，泉是我国园林中重要的观赏主题。无锡惠山脚下的天下第二泉、镇江金山的天下第一泉、苏州虎丘剑池第三泉，以及杭州虎跑和龙井等均是园林中著名的泉水景。

在济南的七十二泉中，最令人神往的是趵突泉。趵突泉原来叫槛泉，是古泺水的发源地。泉水从地下溶洞的裂缝中涌出，三窟并发，昼夜喷涌，状如三堆白雪。泉池基本呈方形，广约一亩，周围绕以石栏。游人凭栏而立，顿觉丝丝凉气袭人。俯瞰泉池，清澈见底。在水量充沛时，泉水可上涌数尺，水珠回落仿佛细雨沥沥，古人赞曰："喷为大小珠，散作空濛雨。"其周围的景色又同泉池溶成一体，形成了一个个清幽而又趣味浓郁的园林风景空间。为了强调泉水景，造园家在泉池北面建有突出于水面之上的泺源堂，栋梁均施彩绘，黄瓦红柱的厅堂与池水银花交相辉映，十分好看。游人静坐堂中，看那池水涟漪，别有情趣。在泺源堂抱厦柱上，

刻有赵孟頫的咏泉名句:"云雾润蒸华不注,波涛声震大明湖。"每逢秋末冬初,良晨晴空,由于趵突泉泉水温度高于周围大气温度,水面上浮着一层水汽,犹如烟雾缭绕,使泺源堂好像出没于云雾之中。泉池西南部水中置有趵突泉石碑,给池面景观增加了内容,又使之与厅堂互为对景。清乾隆皇帝也十分喜爱此景,曾为趵突泉题过"激湍"两字,并把它封为"天下第一泉"。

同在济南,珍珠泉的景色就完全不同。这里泉水从地下上涌,穿过泉池,犹如一串串珍珠,表现出宁静中的小小动态。清文人王昶在《游珍珠泉记》中写道:"泉从沙际出,忽聚,忽散,忽断,忽续,忽急,忽缓,日映之,大者为珠，小者为玑，皆自底以达于面。"此外，济南的黑虎泉、金线泉等也都有各自的景色特点。

瀑水也是园林中的动水景。除了一些大型苑囿和邑郊风景园林的真山真水有自然形成的瀑布之外，园林中的瀑布多数是人工创造出来的动水景观。有的园林利用园外水源和园内池塘水面的高差，设置瀑水景。例如山西新绛县的隋唐名园——绛守居园池，就是利用了西北"鳌原"上的水，经水渠引入园内而造成高约十余米的瀑布。当年水大时，好像白练当空，声不绝耳。有的园林在上游水源上垒石坝，使水产生落差。例如北京西北郊明代皇亲国戚李伟的清华园（即清代畅春园的前身）是一座以静水为主景的园林，水面以岛堤分隔成前湖、后湖两部分。造园家在后湖西北岸临水建阁，并且垒石以提高上游来水的水位。于是在水阁中可观赏两种不同的水景：临湖是一片平湖水光，而西北面则"垒石以激水，其形如帘，其声如瀑"。当时著名文人袁中道亦有句称赞："引来飞瀑似银河"。还有的园林则借助人力引水，或者把雨水储于高处，需要时放水而造成动水之景。如南京瞻园的假山、上海豫园点春堂前快楼旁的湖石山，原来都有瀑水景致。苏州狮子林原有的人工瀑布最为精彩。游人从暗香疏影楼折南，就到了池西的假山区，由爬山廊上，可登飞瀑亭、问梅阁和双香仙馆。在这一组山林建筑中，问梅阁是景色的中心。园林设计家在阁顶暗置水柜蓄水，待到主人宾客

　　游园时将水导向亭阁之间的山石，水在山间几经转折才流进水池，宛如庐山三叠泉名瀑。

　　"何必丝与竹，山水有清音。"流动的水，因为地形条件的不同，能发出各种声音，它们是风景交响曲的主要演奏者。我们在观赏美丽的泉水时，还可以聆听它美妙的音响。它们有时发出"三尺不消平地雪，四时常吼半天雷"的轰鸣，有时"幽咽泉流冰下难"，发出似琵琶琴瑟的琤琤声。瀑水之声，往往随水量大小、落差高低发生由响到轻的变化。而最为游人所喜爱的是溪流的潺潺水声。

　　杭州九溪十八涧位于西湖南边狮子峰等群山环抱的鸡冠垅，是西湖园林风景的"山中最胜处"，它是由九条溪流和众多的小涧盘曲汇合而成。每年春雨如油、绿满群山之时，山中便是一片"春山缥缈白云低，万壑争流下九溪"的景象。在从龙井到九溪茶室长约六公里的山道两旁，峰峦起伏，郁郁葱葱。小径在峰峦中蜿蜒，路边溪水淙淙，水面时宽时窄，时陡时平，溪流时急时缓。游赏者可以在这清澈见底的溪流边一面赤足嬉耍，一面聆听溪水美妙悦耳的天籁之音，真是其乐无穷。有时小径横溪而过，于是在溪水中点以步石，增加了风景的园林情趣。而水激砥石，发出铿锵之声，又别具一种情趣。正如晚清文人俞樾所描写的："重重叠叠山，曲曲环环路，叮叮咚咚泉，高高下下树"，把人们带进了如画的胜景。

这种摄人心魂的溪涧水景，人们是很难忘怀的。为了游赏起来更为方便，造园家就提取了山水风景中幽谷溪涧景色的精华，使其再现于园林之中，最负盛名的就是无锡寄畅园的八音涧。"八音"之为景名，突出了它的声音之美。八音涧是寄畅园西部假山中的一条黄石峡谷，谷长 36 米，深 1.9 至 2.6 米，西高东低，有一小径在谷中蜿蜒穿过。惠山下的天下第二泉伏流入园，在西端汇于小池，然后顺着谷中小道边上的石槽引流而下。小径多次转折，沟渠忽左忽右、忽明忽暗相随，极尽变化之能事。因落差而造成的流水之声，叮咚作响，在空谷中回荡，犹如八音齐奏。游人在涧谷中行走，头上是浓密的山林，古拙的老树盘根错节地与岩石互相争

3-19　杭州九溪十八涧

视觉中国供图

图 3-20　无锡寄畅园八音涧　　　　　　　　　　　　　　　　　冯方宇 拍

斗，身旁则是山泉细流，晶莹清澈，深掘幽奇。真是形声俱美，艺术地再现了俞樾所描绘的山间溪涧意境，成为寄畅园著名的一景。当年清乾隆皇帝下江南，住在园中，深爱此景，于是命人描摹成图式，在北京清漪园惠山园（今颐和园谐趣园）中仿造此景，这就是著名的声景"玉琴峡"。

　　形、声之外，有些园林动水，还具有味美（主要指泉水）的特点。去杭州游玩，不可不去虎跑，应该亲口尝尝虎跑泉泡龙井茶的美味。到无锡惠山的游人，也应该去第二泉旁的茶室中坐坐。还有以《醉翁亭记》扬名的安徽滁州酿泉，也是天下闻名的可口甘泉。这些名泉之水清澈寒冽，甘醇可口。被誉为"茶圣"的唐代茶学家陆羽所品评的天下名泉

20 余种，多数位于园林风景之中，它们和园林胜景结合在一起，大大增加了游赏者的趣味。根据美学家的研究，一般的味觉刺激仅仅能引起快感，但如果与视觉、听觉协同而产生通感，味觉就会上升为审美感受。就好比人们在家中喝瓶装的矿泉水，基本上得到的是味觉的快感享受。但如果人们来到青岛崂山，在道观中静坐品泉，耳边是松涛阵阵，眼前是海天一色、岛屿沉浮，身在古树的浓荫下，习习凉风扑面而来，那么此时甘甜爽口的美泉之味无疑将上升为这一邑郊园林胜景中不可分割的审美感受。环境如画的园林欣赏空间，将使泉水的味美程度发生飞跃。正因为如此，山水园林和甘泉美水的结合常常成为很有特色的园林景观。凡有泉之园，每每设有茶室，如济南趵突泉边的放鹤亭，专门供人们品赏像甘露一般醇美的泉水，让人们体会到宋文学家曾巩"润泽春茶味更真"的诗意。要是人们游赏风景，见泉水而不品，来去匆匆，那么就不可能全面把握泉水景观之美。诚如罗廪的《茶解》所说："山堂夜坐，手烹香茗，至水火相战，俨听松涛。倾泻入瓯，云光飘渺。一段幽趣，故难与俗人言。"

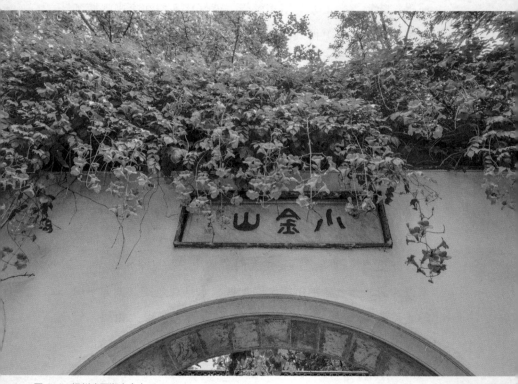

图 4-1　扬州瘦西湖小金山

第四章

花木和亭廊楼阁

"水柳摇病绿，霜蒲蘸新黄""波明荇叶颤，风熟苹花香"，这是南宋诗人范成大写秋时植物景致的几句真实简朴的诗文。画面有静有动，形、色、香俱美，这正是园林植物景致的艺术魅力。

宋代大画家郭熙说："山以水为血脉，以草木为毛发……故山得水而活，得草木而华。"园林造景也一样，唯其有了植物，才会有生气，而呈现出华滋之美。

扬州城郊的瘦西湖，在山环水抱、楼台亭榭、虹桥画舫、白塔晴云外，那繁花芳草、佳木秀竹姿态纷呈、变化万千。自从隋炀帝开运河专门从洛阳赴扬州看琼花之后，扬州园林的花木植物就名声大噪。隋炀帝还喜欢垂柳，并赐给它自己的皇姓，从此柳树也就姓了"杨"，杨柳便成了扬州的标志。今日，人们漫步瘦西湖岸堤，但见三步一柳、亭亭

图 4-2　扬州瘦西湖凫庄

如盖，一眼望去犹如挂着一道道绿色的帐幔，阵风吹来，柳条婀娜起舞，如轻烟，似绿雾，宛若翠浪翻空，舒卷飘忽，妩媚无比。

除了垂柳，瘦西湖滨湖的徐园、小金山、凫庄等小园林中的花树种植也很有特色，每当阳春三月，紫藤、石榴、山茶、杜鹃、碧桃等各色鲜花齐放，更为湖上景色增彩添色。当人们泛舟从婉约轻盈的柳枝下荡去，轻丝拂面，隔着绿幕，黄、红花儿成组点缀着。远望，处处楼台烟波，清波澄碧，一派莺歌燕舞的春色，着实使人心醉。

色、形、声、香协奏曲

"餐翠腹可饱，饮绿身须轻。"古人的这一诗句形象地点出了绿对于人的生理和心理的功用。园林植物的第一个组景作用是给风景涂上了一层富有生机的绿色。人们常说，绿是生命之色，园林要是没有植物富有生机的绿，便成了一个死寂的山水建筑模型。因此，古代园林鉴赏家都对林木之绿予以特别的重视。例如袁枚的随园景色便有很浓的绿趣，徐珂在《清稗类钞·随园》中记述道："绿晓阁……开窗则一围新绿，万个琅玕，森然在目，宜于朝暾初上，众绿齐晓，觉青翠之气扑人眉宇间。"再如明末张岱在《陶庵梦忆》中所记天镜园亦是："高槐深竹，樾暗千层……余读书其中，扑面临头，受用一'绿'，幽窗开卷，字俱碧鲜。"在已毁的圆明园内，以"绿"题名的就有"绿荫轩""绿满轩""纳翠轩""环翠斋""翠交轩"以及"平皋绿静""绿满窗前"等。现存的古园中，以"饮绿""拥翠""嘉荫"等为题的景名或建筑比比皆是。这些绿，构成了古园景色的主色调，增加了风景的自然天真，亦为人们在园内的欣赏、休息和起居生活创造了一个理想的环境。这一层道理，在上古时代，人们似乎就已甚明了。试看"休憩"二字，拆开来不正是人倚傍林木，就感到很甜心吗？植物景之妙用，竟能见之于文字，也可谓园林文化上的一大奇观了。

绿之外，树木花草还给园林添上了许多绚丽的色彩和美丽的形姿，增强了园林的观赏价值。花卉是园林中较重要的植物景，诸如国色天香的牡丹，含羞欲语的月季，临风婀娜的丁香，灿若云霞的杜鹃，垂丝如金钟悬吊的海棠，贴梗夸夸如艳珠的紫荆……它们以缤纷的色彩、娟好的形姿、迷人的芬芳，予人以种种不同的赏景感受：有的浓艳，有的端丽，有的娇悄，有的飘逸，有的素净，有的妖冶。确如已故园林家童寯先生所说："园林无花木则无生气，盖四时之景不同，欣赏游观，怡情育物，多有赖于东篱庭砌，三径盆盎，俾自春迄冬，常有不谢之花也。"

现存的苏州古典名园中，以四季花卉为主题的景点还有很多。春天观赏山茶花的有拙政园西部的十八曼陀罗花馆；看海棠花的有海棠春坞；晚春看芍药花的有网师园殿春簃；

夏天赏荷的有拙政园远香堂和荷风四面亭；秋天赏桂的有留园闻木樨香亭、狮子林的暗香疏影楼；而怡园的梅林、狮子林的问梅阁，更是冬日观梅的好地方。这些别具匠心的布置，可说是部分实现了醉翁太守欧阳修的游园理想："我欲四时携酒去，莫教一日不花开。"

"艳采芬姿相点缀，珊瑚玉树交枝柯"，这是扬州原清代古园——被乾隆赐名"净香园"中的"涵虚阁"的一副楹联。李斗在《扬州画舫录》中这样描写那里的林木之色：

> 涵虚阁之北，树木幽邃，声如清瑟凉琴。半山槲叶当窗槛间，碎影动摇，斜晖静照，野色运山，古木色变。春初时青，未几白，白者苍，绿者碧，碧者黄，黄变赤，赤变紫，皆异艳奇采，不可殚记。

如此绚烂艳异的叶色，其观赏效果不会逊于姹紫嫣红的花朵。

赏色离不开赏形，两者是互相关联的。园林风景中，植物的形美更使人目不暇接。大乔木的形体有锥形、伞形、卵形等，叶有单叶、复叶、针叶、圆叶等。花有各种花型，如小朵的桃花、垂丝的海棠花、状似绣球的绣球花等，还有雍容华贵的牡丹花、细密如金粒银珠的桂花、清秀的菊花……就是山脚边绽出的牵牛花，也常常变换风姿，有时是"微芳而孕丽容"，有时"且开而色暖暖"，有时"寒独而影难伫"。

一些专供观赏的花树，其形其色更绝。如隋炀帝所看的琼花，形色香俱佳，古人赞曰："梨蕊三分饰玉体，桂香一缕裹娇魂。"不仅令帝王目迷神乱，而且令世人赞叹不已。后来因兵燹战乱，琼花观观废花亡。近年来，经过园林人不断地觅宝访珍，在瘦西湖蜀岗一隅重新发现了琼花的同种——聚八仙，经精心培育，已重植入湖上园林，让游人能一睹当年隋炀帝所钟爱的名花芳姿。聚八仙花大似玉盘，由八朵五瓣大花围成一周，簇拥着一团蝴蝶似的花蕊。花势中凸边平，呈椭圆形，好像八位仙子围着圆桌品茗聚谈。花树高达十米，每逢花期，朵朵玉花缀满枝杈，满树碧叶托着白花，好似隆冬雪压枝头，流光溢彩，璀璨晶莹。

北京颐和园乐寿堂原是乾隆游园的休憩之处，后来又作为慈禧的寝宫，这两位统治者都爱自然之香，在堂前庭中，名花满地，暗香流溢，其中最闻名的是玉兰。玉兰色似玉，香似兰，淡而幽雅。它等不到绿叶满枝，抢先在早春开放，那微微绽开的花朵曲线极美，如羊脂白玉雕刻而成。乾隆爱其美，特地从南方移植数百株种在乐寿堂四周。当时的北京，玉兰是难得一见的珍品，此处玉兰成林，遂有"玉香海"的美称。至今它们已有二百余年历史，枝干古拙挺拔，独压群芳。

离乐寿堂不远的玉澜堂是一处临湖的寝殿，在清晨常能闻到湖山中飘来的幽香，殿堂上挂着这样一副对联："渚

-3　苏州留园窗格外的牡丹花

冯方宇 摄

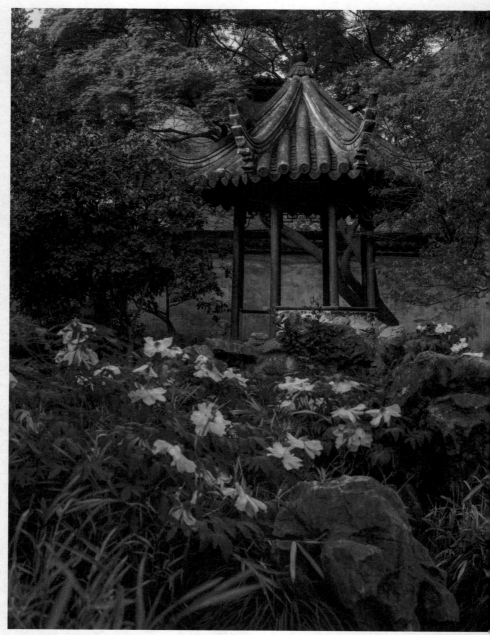

图 4-4　苏州留园八角亭外的芍药

冯方宇 摄

香细裹莲须雨，晓色轻团竹岭烟。"所描写的园景十分传神：香不是浓香扑鼻，而是犹如莲蕊细雨般一阵阵从湖面吹来，拂晓中晨雾在竹岭上轻轻聚散，好一幅如诗似画的美景。

在古典园林中，植物的香景一直备受人们的喜爱。传说当年金主兀术就是因为读了柳永写杭州美景的词，深为"三秋桂子，十里荷花"所吸引，而生了南侵之心。园林之香，除了春兰、夏荷、秋桂、冬梅之外，名目繁多，举不胜举，就连一般的松、竹有时也会散发出特别的清香，甚至苔藓、小草等低小的植物也会发出诱人的气息。所有这些作用于嗅觉的无形风景信息，加强了园景的动人魅力。由于园林地势起伏，又常常被分隔成许多小小院落，因此人们在游览时所闻到的香味往往是一阵阵若有若无、淡雅含蓄的，这比浓烈、带有刺激性的香更令人陶醉。

古园中赏香的景点着实不少，颐和园除了上述两处，还有赏藕香的小配殿藕香榭、赏兰薰桂馥的澄爽斋、赏草木开花时齐荣敷芳的芳辉殿。更为人所乐道的是北京恭王府花园（即萃锦园）中的赏香景色。此园是清代京师名胜什刹海附近的名园，传说当年曹雪芹写《红楼梦》时曾以此园作为书中大观园风景的创作蓝本。也许是因为园内居住着许多仕女，所以许多景致均以"香"为主题。据留存下来的诗文看，带有"香"字的景名就有"吟香醉月""秀挹恒香""樵香径""雨香岭"和"妙香亭"等六七处。这些香景丰富了园

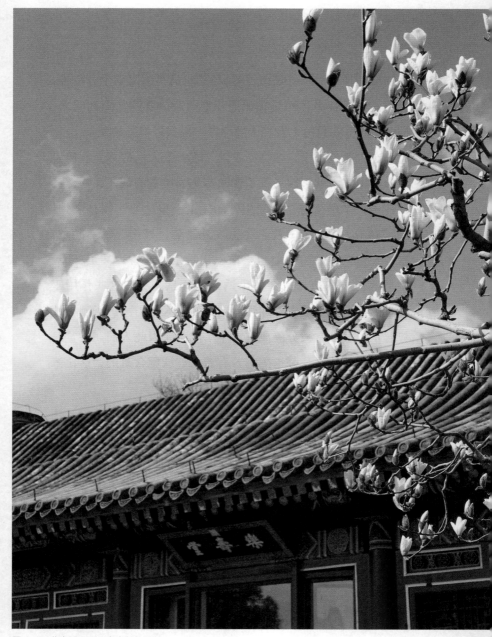

图 4-5　北京颐和园乐寿堂前的玉兰

视觉中国供图

林的欣赏内容，大大提高了游玩的趣味。

植物景致不仅色美、形美、香美，而且还具有声美。诗人词客，因为熟知韵律曲调，对声音也特别敏锐，所以古来园林就很注重风声、雨声、松涛、竹韵等声景的借鉴和创造，特别是卧石听松，每每是园林中与听泉并重的主景。

游无锡惠山，不可不访听松石床，这是江南一大赏声名景。石床原在惠山寺大雄宝殿前，后来移到不二法门前一棵大银杏树底下。当年惠山山麓全是古松，置一块平面光滑、纹理古拙的石床，引人卧石听松涛，实在是造园家组景的高招。唐代，江南文人就喜欢到此静赏松涛，诗人皮日休还留下了诗文："千叶莲花旧有香，半山金刹照方塘。殿前日暮高风起，松子声声打石床。"传说 1127 年宋高宗赵构仓皇南逃时，曾途经惠山，在此石床上过夜，半夜听到山上松涛齐鸣，疑是金兵追来，吓得他爬起来落荒而逃。从此这一听松景就更加著名了。

"风过有声留竹韵，月明无处不花香"。这是岭南四大名园之一的清晖园"竹苑"一景的楹联。岭南炎热多雨，宜于植物生长，故以花木为主题的景致也多，如清晖园内便有花叿（音纳，静也）亭、惜阴书屋等，都以赏花树青桐等闻名。特别是花叿亭和惜阴书屋之间的一棵玉堂春（又名木兰），是园主人于清末赴开封应顺天乡试后从苏州购归的，至今已有百余年。但主人最赏识的是风吹新篁而发出的飒飒之声，

图 4-6　苏州沧浪亭雨打芭蕉　　　　　　　　　　　　　　　　　　　　冯方宇 摄

图 4-7　顺德清晖园的竹篁　　　　　　　　　　　　　　　　　　　　　视觉中国供图

使人不禁想起唐代诗人王维"独坐幽篁里，弹琴复长啸"的孤傲风姿。

松涛、竹韵需要风的帮助，而淅淅沥沥的雨丝打在一些大叶植物上，也能发出美妙动听的天籁之音，使园林自然交响曲更为完善。这些植物主要有芭蕉和荷叶。

芭蕉修茎大叶，姿态入画，高舒垂荫，苍翠如洗，多种于窗前和墙隅，是古园中渲染情调、颇具文意的植物。在晴天，它宛如伞盖的大叶，能给书斋小筑的窗前投下一片凉爽的绿影。而雨天，除了其形其色之外，雨点敲打芭蕉叶的轻重缓急的节奏声，更令人心醉。拙政园听雨轩小院内，池畔石间植有几株芭蕉，得体地创造了一个声色俱美的欣赏空间。留园揖峰轩一旁的咫尺庭院，只植一株芭蕉，隔廊与石林小院美石相对，也道出了这一主题。

"留得枯荷听雨声"是李商隐的名句，古园中也多照此意境设置赏声之处。池中植荷是古典园林的传统，所以江南宅园每每称中心水池为荷花池。荷花出淤泥而不染，叶圆而浓绿，花艳而有幽香，观赏价值甚高。从初夏"小荷才露尖尖角，早有蜻蜓立上头"起，一直可以欣赏到夏末，而残荷听雨可谓是赏荷的"绝唱"。听雨每每在滨水的斋馆中，透过开敞的四壁既可隔水观赏朦朦胧胧的园林雨景，又可聆听雨珠落绿盘的嘀嗒声，常常引动人们的诗兴画意。

我国园林的花木，虽然也要经过人工的莳栽和培植，经

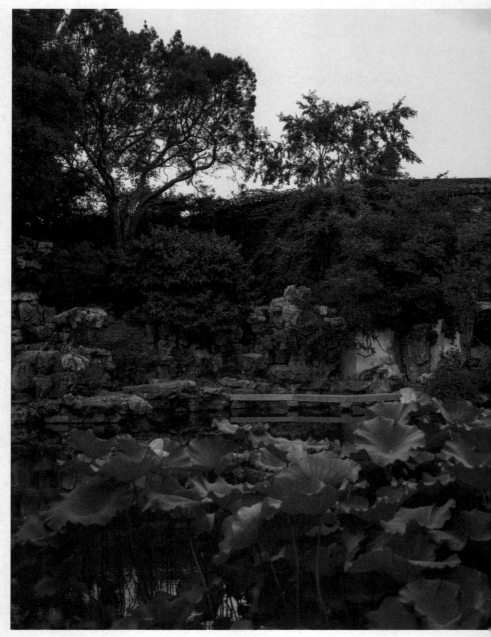

图 4-8　苏州艺圃荷花池

冯方宇 摄

过造园家精心的组织安排，但绝大多数仍然保持它们自然生长的姿态。不管它们是成片成林还是孤枝独秀，是虬枝枯干还是新叶扶疏，是乔立于山巅还是横卧于山坡，位置是上还是下，是在石边还是在水际，其姿态都自然天成，具有诗情画意，没有过多地留下人工修饰的痕迹。这种不求品种名贵，讲究形态的潇洒自然，耐品味和细赏的原则和中国山水画表现树木花卉的原则是同出一源的。

园林植物景可以渲染整个观赏空间的气氛。不同的花木合理地布置于园林，可以产生不同的意境。如不规则的阔叶树可以形成活泼、热烈的气氛，高大的针叶树密植则使景色显得庄严肃穆，垂柳枝条摇曳使人感到轻快，而春天的桃红李白又使人觉得春意盎然。

杭州西湖的苏堤和白堤，由于栽植的植物不同，各自呈现出富有个性的风姿。每当阳春三月，苏白两堤便现出不同的春意，有人称之为"苏堤春红，白堤春绿"。春红是指苏堤上种了数千株碧桃和樱桃，春天树树花开，远远望去，在一片嫩绿的底子上（苏堤亦种垂柳，新春发出嫩绿的新芽）缀上了一条鲜艳的红云带。苏堤原以"春晓"闻名，当晓风徐拂、宿露未干、残月初隐、旭日方升的时分，堤上空气特别清新，树木竞发幽香，这时候的桃花，还含着露珠，正娇怯怯地暗试新装，以湖水作镜，宛如美人初妆。晴日桃花，烘云托霞，神采焕发，含笑增媚；雨中桃花，鲜洁滋润，盈盈欲滴，真是千姿百态，美不胜收。倘若苏堤光种碧桃，那么红云带的颜色还似乎单调了些，而新栽的樱桃开花后，使得原先的一片桃红色花海中，又添上了浅红和淡粉红，以致红云带也在统一的色调中现出了变化。

"绿杨阴里白沙堤"，白堤植柳之多，柳色之浓，自古闻名。唐代诗人白居易守杭州时就有诗："谁开湖寺西南路，草绿裙腰一道斜"。春到白堤，层层绿色堆叠，充满着绿趣。如果坐船在湖中遥望，只见一层绿烟笼罩在长堤上，这就是烟柳。烟柳倒映入碧波，小船打桨而过，绿意更浓。

陵墓园林的植物景也很有特色，如位于河北省遵化市的清东陵。这座陵园北靠层峦叠翠的昌瑞山，山环水绕，林木葱郁。传说当年清军入关后的第一任皇帝顺治狩猎时经过此地，见其风景秀丽，"龙山毓秀，可以绵万年之景运"，便决定在此修皇家陵园。东陵绿化的特点是常绿树多，对于强化陵园庄严肃穆的气氛起了很大作用。从石牌坊、大红门绕过天然的影壁山到达各陵园，要步过长达数公里的神道，道路两侧各植紫柏十行，共计近四万四千株，蔚为壮观。这些路旁成行排列的树称为仪树，设专人看管。为增强陵墓庄严的气氛，又在各陵寝的宝山（靠山）、翼山（两侧小山）、路旁遍植松柏，称之为海树。据统计，整座清东陵有仪树二十万株，海树近千万株，整座陵园掩映于苍松翠柏之中，呈一片绿色。金黄碧绿的琉璃瓦殿顶与松涛林海交相辉映，异常壮观。除了陵墓园林外，不少寺庙园也以植物景来渲染气氛。所以，凡古刹旧观，每每都是松柏成林，古木参天，环境十分清幽。

植物景还常常是园林的观赏主题，不少园子甚至以植物来命名。例如常州的红梅阁、杭州的红栎山庄等。扬州以植物为名的园子更多，有的以古树为名，如双槐园、百尺梧桐阁等，有的与竹有关，如竹楼小市、水竹居、个园等。在这些园中，植物景自然是风景中的主题。

有些花园，没有出色的山水风景，却有几棵古拙的老树，也能吸引大批游人前去观赏。去江苏苏州邓尉山赏过梅花的人，一定会慕名去看看四株古柏"清""奇""古""怪"，这是光福乡司徒庙花园内著名的植物景致。司徒庙是纪念东汉司徒邓禹的祠庙，传说"清""奇""古""怪"这四株古柏是当年邓禹亲手栽植，至今已有一千九百多年的历史了。在漫长的岁月中，古柏遭到风刀霜剑的摧残，雷击电打的袭击，却顽强地生存下来。古柏的形态非常奇特：清者，碧郁苍翠，挺拔清秀，位于园子中央；奇者，主干折裂，一空其腹，居于左边；古者，纹理纡绕，古拙苍劲，立于清者右边；怪者最为特别，因受雷击，卧地三曲，状如蛟龙。这四株古木姿态是如此罕见，它们斜立偃卧、互相配合得又是如此协调，称其为"清""奇""古""怪"真是再恰当不过了。司徒庙虽位于邓尉景区之内，园内并无其他景致，正是这四株古柏，使得每年游人络绎不绝，人们不仅欣赏古树的外形美，而且从中看见了植物生命力的顽强，看见了其与自然搏斗的严酷。有位诗人这样赞美它们："清奇古怪史留名，莫道人间太不平。不是风霜置死地，虬枝茂叶徒青青。"

我国园林风景空间的意境主题，常常题明在该景区的主要建筑上，而植物往往是烘托主题意境的最好帮手，特别是带有时令特征的景色，更少不了植物的辅助。要是赏的是春景，那么观赏建筑四周必定有桃红柳绿，或者几竿新竹；要是夏景，就多临水植荷，或者蕉肥石瘦，浓荫匝地；要是秋景，多为丹桂或红枫；要是冬景，每每少不了蜡梅和山茶。例如杭州的"平湖秋月"一景，主题是赏月，就在主题建筑临水台榭周围植了丹桂和红枫，配以含笑、晚香玉等芳香植物。每当花好月圆之际，月光下湖水荡漾，微风中阵阵花香，四时月好最宜秋的意境不点自明。

花木与园林建筑在配置上是很有讲究的。一般说来，花色浓深的宜植于粉墙旁，花色淡雅的宜于绿丛或空旷处。桂花、白玉兰、蜡梅等有香味的植物不宜种在空旷处，要用花墙、庭院稍加围隔，才能使香气随微风"递香幽室"。此外，桃宜小桥溪畔，桃花流水；杏宜屋角墙根，红杏出墙；榴宜粉墙绿窗，花艳果红。有些小院，高墙相围，阴地多而向阳地方少，在墙阴处宜多植耐寒耐阴的植物，如女贞、棕、竹等，以免到冬秋光秃无物。轩廊外、花架上则可以种些紫藤，入春后现出满树繁花，一架绿荫，为室外留坐赏景提供了方便。如苏州留园中部濠濮亭前有一架紫藤，横跨水上，枝干蔓蔓，叶绿欲滴，倒映水中，既是亭、岛的联系通道，又分隔了水面空间，是留园中部山池景区的重要一景。

苏州网师园不仅山水布局合理，结构紧凑，而且在植物配置上也很有特色。网师园的植物栽植，能与建筑山石、堤岸、水体密切配合，烘托各景区主题的表现。在手法上，注意苍劲、柔和相互补充，讲究姿态韵味。由于园子较小，观赏空间相对狭小，所以造园家十分注意树木的高低分层配植，除了乔木与灌木、落叶树和常绿树的疏密和谐的间植外，还在山石堤岸上栽了许多攀缘植物，增加了园景的纯朴风貌。

例如水池东北角有临水廊榭一座，名竹外一枝轩。轩外池畔植有一株黑松，树干斜曲扶疏，宛如黄山迎客松。如果游人在廊边依栏看松，还可看见它倒映水中若隐若现的倒影，更觉妙趣横生。池畔还植有许多小灌木，如迎春，当万物还处于冬眠之际，它那垂向水面的翠条、密若繁星的金花，便向游客预报了春之将至。

濯缨水阁位于水池南面，面对开阔的水面。临水有一棵紫玉兰作为近景，而一平如镜的水池中广种睡莲。炎夏时节，各色莲花在绿水碧叶中竞相争艳，再加上群鱼戏水，时浮时沉，组成一幅美妙的"莲池鱼乐图"，点出了水阁宜夏的

图 4-9 苏州网师园濯缨水阁   视觉中国供图

主题。

池西的月到风来亭，得名于唐文学家韩愈的诗句"晚色将秋至，长风送月来"，是赏秋景的好地方。其四周的植物配置综合考虑了游人四季观赏的景观需要：春有迎春，夏有莲花，秋有丹桂，冬有蜡梅，具有春媚、夏清、秋香、冬瑞四季皆宜的特点。要是秋夜在此亭迎风待月的话，除了月白风清、桂枝飘香、夜鱼跳水之景外，还可借入北面看松读画轩前几株古柏老松。这些枝叶扶疏、姿态古拙的古树名木，在素月映照之下，朦胧淡雅，别有一种含蓄清丽的美。

此外，还有小山丛桂轩外三面丛植的桂花、间点蜡梅，黄石假山云岗东面小溪两岸的藤萝蔓挂，池西小院殿春簃的芍药等植物景，也都经过了精心的布局安排，为园林景色增色不少。

岁寒三友

松、竹、梅被我国古代文人称为岁寒三友，一直是中国画表现的主要植物题材。在园林艺术中，它们也格外受到造园家重视。这三种植物不仅有着独特的风姿神韵，而且不畏严寒，在万物萧疏的严冬，或经冬不凋，或忍冬开花，从而得到人们的敬重和赞美。

园林中，形姿最奇的要数松柏，上文所说司徒庙"清""奇""古""怪"四株古柏，便是古树名木中赏形的精品。松柏终年常绿，傲霜斗雪，是古代文人寄寓自己情操理想的主要观赏植物，留下了数不清的赞美诗篇和辞章。它们以变化万千的风姿、颇具个性的造型，成为园林中主要的赏形赏声植物。明代文学家袁中道，游踪遍全国。他所看到的松，有的"虬曲幽郁，无风而涛，好鸟和鸣"，有的"盘曲夭乔，肤皴枝拗，有远韵"，有的则"枝叶婆娑，覆阴无隙地，飘粉吹香，写影石路"。这些姿态各不相同的松树，点缀园林，着实使风景增色不少。园林中的松柏，不管是五针松、黑松、白皮松、罗汉松，还是龙柏、刺柏、扁柏、桧柏，都有着各自的风韵情调。

河南登封市嵩山脚下的嵩阳书院有两株古柏，相传在公

图 4-10　苏州留园贮云庵旁的松树

冯方宇 摄

元前 110 年，被汉武帝封为将军柏。至今"大将军"半躺半坐，主干倾斜约 45 度，腰围约 6 米；"二将军"雄伟壮观，主干左右劈开，而树冠仍苍翠葱郁，如雄鹰展翅，成为全国闻名的古树风景。北京天坛的九龙柏更是奇特，主干自下至上有许多条交错突出和凹陷的纹理，好像有许多蛟龙盘绕在一起，因而得名。据说全世界只此一株，它是树木本身因细胞分裂不均匀而造成的病理现象，竟成了植物景中的奇观。泰山脚下的普照寺有棵古松，为六朝遗植。松旁立一亭，名筛月亭，取"古松筛月"之意。北京北海公园西首，有一座周长仅 276 米的世界最小之城——团城。它原是金代万宁宫中一个点景和乘凉的水中高台，因历史久长，城上亦多古木景致。原来在西门衍祥门的北边，有棵造型别致的古松，它的枝干向西屈卧，树冠擦过雉堞下倾，俯瞰着千顷涟漪的太液池，因而取名叫"探海松"。现在在承光殿后庭院中，还长着两株高大苍劲的白皮松（此松是我国特有树种，其树干青白交织，十分好看），曾被封为"遮荫侯"和"白袍将军"。

园林中的苍松古柏不仅使园林增色，也是一种很珍贵的文物和国宝，它们常常被赋予某些理性的象征意义。那苍老遒劲、嵯峨挺拔的姿态，那阅尽沧桑却依然郁郁葱葱的气势，不正是我们伟大祖国源远流长而又青春永在的生动写照吗？

竹子挺拔，虚心有节（气），终年常绿，不畏严寒，这

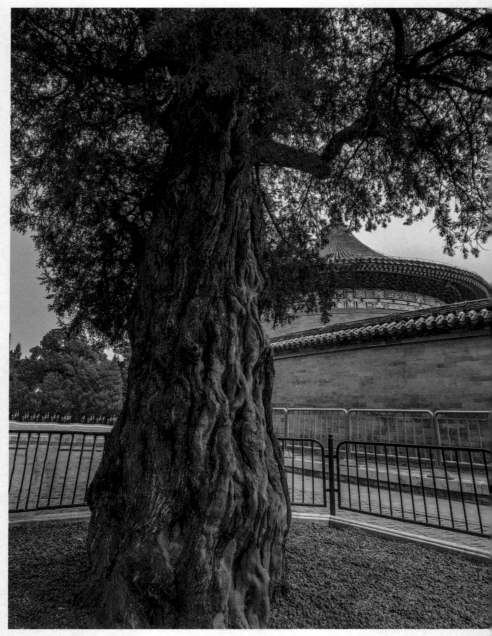

图 4-11　北京天坛九龙柏

些形象上的特征和古代知识分子所追求的高尚品德非常巧妙地统一了起来，因而它也是园林造景中倍受偏爱的佼佼者。据《世说新语》记载，在晋代，士大夫们和竹已经建立了很深厚的友情。例如有一个叫王子猷的，借别人的房子暂时居住，便在四周的空地上开土种竹。有人问他，你临时住住，何苦自找麻烦呢，王"啸咏良久"，指着竹说"何可一日无此君"。宋文学家苏轼也讲过"宁可食无肉，不可居无竹""未出土时先有节，纵凌云处也虚心"。清代扬州画派的八怪画家，个个都清高狂狷、喜竹成性，其中以郑板桥为首，他种竹、画竹、咏竹，亦曾写诗赞美竹的品格。

扬州有一座个园，游人尚未进园，就可在园门两侧的平台上看见翠竹飒飒，凤尾摇曳。"个"字是"竹"字的一半，有人说"个"是隐指不屈的竹子只有一株了，这就是园主人自己，有着"众人皆浊我独清"的含义。不管怎么说，以"个"名园说明了园林主人爱竹的情感。清人刘凤诰在《个园记》中说："主人性爱竹，盖以竹本固。君子见其本，树德之先沃其根。竹心虚，君子观其心，则思应用之势务宏其量。……岂独冬青夏彩，玉润碧鲜，著斯州筱荡之美云尔哉！主人爱称曰'个园'。"可见，园林种竹，不仅因为它有着冬青夏彩的美，更因为园林主人和艺术家对竹的品格的爱慕。

从古到今，不知有多少园景以竹为观赏主题。明代文人袁中道在湖广公安（今属湖北）家乡建园，取名叫"篔筜谷"，箭篦是一种大竹子，其意趣与"个园"不谋而合。扬州有水竹居，竹景很有名，载入了《扬州画舫录》。今天苏州拙政园有倚玉轩（竹子又叫碧玉），网师园有竹外一枝轩，沧浪亭有翠玲珑，还有扬州小盘谷的丛翠，都在题名中就可以看出以竹为欣赏主题。

园林竹景，既可以是大片竹林，以渲染气氛（如济南趵突泉西首的万竹园），又可以是数株散植，配合石峰和其他花木，成为庭院的主题。宜于单看孤赏的竹除了一般的青竹之外，还有许多具有特殊形姿的竹子。有竹竿呈紫褐色的紫竹（如镇江焦山半山腰郑板桥读书处前的一株紫竹），有竹竿呈方形的方竹（如杭州黄龙洞专门辟有方竹小院），有竹竿和竹叶上有点点褐斑的湘妃竹，还有于地面丛生的箬竹和竹叶成凤尾状散开的凤尾竹等，都是园林中常用的竹类。

在岁寒三友中，松显苍劲，竹为清逸，唯有梅被称为冷艳，是三友中唯一的赏花树。要是有人在冬天去游虎丘，可以登上云岩寺塔底下的冷香阁，窗外有一片盛开的红梅和白梅，送来阵阵冷香。若是赶上一场大雪，满山皆白，唯有红梅吐艳，像是缀在白衣上的红珠，其色、其香，更是令人心醉。

细数装点园林风景的花木植物，第一个送来春天气息的便是开在百花前头的梅花。因此每逢冬尽春来，江南一带城市居民，都要结伴去郊外风景园林中踏雪寻梅，如苏州附近

4-12 济南趵突泉公园万竹园

视觉中国供图

图 4-13　昆明黑龙潭公园的梅花　　　　　　　　　　　　　　　　　　视觉中国供图

的邓尉、杭州附近的超山、南京的梅花山等，那时候都是游人成群。现代散文家郁达夫曾记过超山的梅花："梅干极粗极大，枝杈离披四散，五步一丛，十步一坂。每个梅林，总有千株内外，一株的花朵，又有万颗左右；故而开的时候，香气远传到十里之外的临平山麓。登高而远望下来，自然自成一个雪海。"除了邑郊园林，私人花园中也有植梅成海的。如无锡梅园，植梅数千株。布局设计上，以梅饰山，倚山饰梅，而亭台宝塔傍山建造。早春梅花怒放，也是欣赏香雪海的好地方。

植梅成林固然有气派，但一般园林梅景，还是以点式为主，成为欣赏空间中很别致的主题。

在昆明市北郊，有个黑龙潭公园。这是一座位于龙泉山麓的以植物景出名的园林，现在园中保护着三株古木——唐梅、宋柏和明茶。唐梅是两棵并列的古梅，干老枝斜，姿态入画。树龄虽逾千年，每至冬春，仍花开满树。花是重瓣红梅，品种十分名贵。国内现存最古老的梅树在浙江天台山国清寺，相传是天台宗创始人智者大师手植的隋梅。树在寺院大雄宝殿东侧小院，主干枯而复生，枝丫生意盎然，逢春繁花满树。在花果树中，梅最长寿，其抗病、抗痒能力也比其他树种强，北方、南方均能生长。梅的隐芽有着顽强的生命力，往往地上部分已经枯死，地下部分仍然可以抽芽长枝。如昆明黑龙潭公园的那株唐梅，主干在 1923 年枯死，地下仍萌发新芽，至今又长成形态完美的梅树。这一特性赋予园林很多特殊的梅景，作为观赏主题的老梅往往姿态古拙，枝丫横斜，根节盘曲。尤其是那些植于粉墙前的古梅，投影于墙，堪称天然水墨古梅图。随着日光的转换，梅影也在移动，往往把人们带到"疏影横斜水清浅"所描绘的意境中去。

说到园林的林木花草，不得不介绍与植物景致密切相关的鱼、鸥、鹤、蝶等小动物活泼的点缀。我国向来有在园林中驯养小动物的习惯，并且将它们组合到园景中来，如鹿苑长春、梅妻鹤子、鱼跃鸢飞等景致都少不了动物。以动物景致作为局部景区的观赏主题的也不少，如苏州拙政园的卅六鸳鸯馆、苏州留园的鹤所、北京颐和园的听鹂馆等。北京恭王府花园山水明秀，林木茂盛，园内动物景也多，有听莺坪、静鸥轩、渡鹤桥等。这些可爱多趣的小动物景致点缀在园林中，使园景显得格外活泼。除了一些会飞的珍贵小鸟之外，小动物基本上都是以自然的形态放养于园林之中，几乎看不到像西方动物园那种用铁栏、铁笼关养动物的现象。只有让小动物自由自在地在园林中生活嬉耍，才能增添园林的自然真趣。

大观园是小说《红楼梦》中以文学形式表现出来的园林，除了山水亭台之外，作者曹雪芹也没有忽略动物景致的美。在第二十六回中，他这样描写仙鹤和水禽："贾芸看时，只见院内略略的有几点山石，种着芭蕉，那边有两只仙鹤在松树下剔翎。一溜回廊上吊着各色笼子，各色仙禽异鸟"。又有黛玉"刚到了沁芳桥，只见各色水禽都在池中浴水，也认不出名色来，但见一个个文彩炫耀，好看异常"。仙鹤悠闲自得地剔翎，水禽旁若无人地嬉耍，都是园中山水花木亭台景色很生动的补笔。

苏州拙政园池中山岛上的雪香云蔚亭上悬有一副对联："蝉噪林逾静，鸟鸣山更幽"，这是南朝梁王籍的诗句，点出了自然界中的昆虫小鸟对园林景色的辅助。一些林木茂盛、山林趣味浓郁的花园，能引来自由飞舞的蝉蝶鸟雀，而这些小生物多彩的形象，美妙的叫声，比起驯养的珍禽异兽更加自然。爱竹成癖的郑板桥也特别喜爱林中山间自由飞舞的小鸟。他说自己平生最不喜笼中养鸟，只图自己娱乐，而将鸟关在笼内，太不合情理了。"欲养鸟莫如多种树，使绕屋数百株，扶疏茂密，为鸟国鸟家"。这就将爱鸟同园林绿化结合了起来，群鸟绕林飞舞的景致，确实不可与一笼一羽单独地听音观形同日而语，正如郑板桥自己写出的赏景体会：在树木茂密的园林中居住，待睡梦初醒，则"听一片啁啾，如云门、咸池之奏"；披衣而起，则"见其扬翚振彩，倏往倏来，目不暇给"。

鸟雀蝉蝶之外，鱼也是园林中常见的动物景致。园林中的主要水池差不多都放养一些小鱼。依栏静数游鱼，锦鳞酣游清池等，都是很有趣味的园林小景。因此像鱼乐园、知鱼槛、观鱼榭这样的景点，也成了我国园林的一大内容。

动物景对园林的辅助是多方面的，其最大特点是以动态的形象美和其他相对静止的景物形成强烈的动静对比，给园景带来了活泼的生气。动物景不一定表现出剧烈的动态，然而即使是如"白鸥傍桨自双浴，黄蝶逆风还倒飞"这样细微的动态，也能给园中幽静的一角点上动人的一笔。如果与风吹草动、云飞雾漫等气候景观协调起来，那么所表现景色就更具有诗一般的意境。"落霞与孤鹜齐飞，秋水共长天一色""飘风乱萍踪，落叶散鱼影"，在这些充满诗意的图画中，飞鸟小鱼和风景空间中其他景物交相辉映，一同呈现于游览者面前，人们从中获得的深度美感是不能用言语来表达的。

多姿多彩缀园中

北宋文学家王禹偁在贬官至黄州当刺史后，用竹子在子城边的废地上搭建了一座竹楼，作为闲暇时的游赏之地，并作记言其妙处：

子城西北隅，雉堞圮毁，榛莽荒秽，因作小楼二间，与月波楼通。远吞山光，平挹江濑，幽阒辽夐，不可具状。夏宜急雨，有瀑布声；冬宜密雪，有碎玉声；宜鼓琴，琴调虚畅；宜咏诗，诗韵清绝；宜围棋，子声丁丁然；宜投壶，矢声铮铮然，皆竹楼之所助也。

有了竹楼，可以借赏城外的水光山色，也可以不失时机地组合到大自然雨雪等天气变幻引起的天籁之声中。而更为重要的是，有了这座竹楼，人们在观赏风景的同时，还能进行弹琴、吟诗、对弈、投壶等游乐活动。这小段文字，可说是点出了园林中建筑的作用。

我国园林的三大构园要素中，唯有建筑景完全由人工创造，它们在花园中往往集中表现了造园家的艺术构思。与西方园林相比，我国古园中建筑比重较大，特别是文人士大夫的私人宅园更是如此。如白居易在《池上篇》中说他在洛阳的宅园便是"屋室三之一，水五之一，竹九之一"，足见建筑在园中的地位。

园林中的建筑作为人类创造的艺术精品，对游人有着特殊的吸引力。人们游赏园林风景，曲径漫步，廊引人随，凡看到亭阁楼台、厅堂斋馆，都要去看看坐坐，因为经验告诉人们，这里每每有好景致。造园家一方面通过建筑来组织游览，指导游人去欣赏美丽的山容水态，一方面又利用建筑的庇护给人们提供看景和生活上的方便，例如夏天遮阳、雨日避雨，以及累时小憩、渴时品茗。可以说，建筑是山水风景与游人之间的一种过渡。

园林建筑变化极多，布局灵活，而归总起来，其类型基本上不外乎"隐"和"显"两种。那些作为风景欣赏主题或点景的塔、亭、阁，在设计上要突出它们的形体和多姿的外轮廓线，都是属于"显"的建筑。例如，我们泛舟西湖可以看到，葛岭上的保俶塔苗条、清秀的倩影突出在群山之上，打破了山形的平直，是以建筑点景的佳例。而佛香阁八角重檐、高达四十米的雄姿，也是整个颐和园风景不可缺少的主角。一些江南小院也在假山巅、池中设置建筑，作为园景构图的中心。如网师园的月到风来亭、留园池中央的濠濮亭等，都具画龙点睛之作用，是风景主要观赏面上引人注目的形象。

我国古代画论多论及建筑与风景的关系，如北宋郭熙在《林泉高致》中说："山之楼观，以标胜概。"清郑绩也说："凡一图之中，楼阁亭宇，乃山水之眉目也，当在开面处安置。"(《梦幻居画学简明》)这些论说均肯定了建筑的点景作用，对古典园林影响颇大，因此园林中凡是作为重点欣赏主题的建筑，均要显而突出，以点缀、强化和修饰风景为主。

"隐"是指建筑不一览无余地完全显露出来，而是和环境紧密地融合在一起，或者掩映于浓荫翠绿之中，或者藏于假山岩壁之后。建筑体量较大，造型特别，不同于一般的山水景物，因而若有若无、半露半藏的建筑，能使园林景色更加和谐自然，同时也增加了园林的韵味和含蓄。所以，除了点景和构图需要"显"的建筑外，园中一般的厅堂斋馆，总是和林木灌丛、假山石峰等环境互相掩映，多少有点"隐"的意味。明清园林鉴赏家程羽文在《清闲供·小蓬莱》中，比较全面地论述了园林各种景物的布局，从其中有关建筑的文字中，也颇能看出其隐显的关系：

> 门内有径，径欲曲。……花外有墙，墙欲低。墙内有松，
> 松欲古。松底有石，石欲怪。石面有亭，亭欲朴。亭后有竹，
> 竹欲疏。竹尽有室，室欲幽。室旁有路，路欲分。路合有桥，
> 桥欲危。……山下有屋，屋欲方。

　　除了石面之亭要引起游人的注目之外，其他竹林尽端之幽室、深山下的小屋，以及曲径、危桥，都是以"隐"为主调的建筑。像上海豫园的萃秀堂深藏在峭壁岩石间，完全被黄石大假山所遮挡，游人若不登山，便发现不了这一建筑，堪称是园林建筑"隐"的典型。

　　"曲径通幽处"是我国园林隐深、含蓄特色的形象描写，这幽处往往是指被花木遮掩的建筑，如山坳中的小筑、丛林中的书斋。北京恭王府花园也有曲径通幽一景，当年一首写景诗的序言说道："园之东南隅，翠屏对峙，一径中分，遥望山亭水榭，隐约长松疏柳间，夹道老树干云，时闻鸟声，引人入胜。"在这高林乔木之下、野花馥郁之中的幽闭山谷中，只有透过门洞碣石间的孔隙，才能见山亭水榭，确实有门楣上石刻"静含太古"的意境。

　　园林中建筑虽多，但在整个风景中，终究是处于次要的地位，它必须融在山水景色中，与自然风景相协调。如果一

图 4-14　苏州狮子林通幽门　　　　　　　　　　　　　　　　　冯方宇 摄

座园林只以纯粹的建筑艺术吸引人，而不是以山林泉石风景
为胜，那么就"虽由人作，宛自天开"来说，它的创作还是
失败的。因此，在造园艺术家的手中，园林建筑都是为风景
服务的。他们利用建筑来扩大空间感，进行对景借景，利用
建筑来延长游览路线，指导游赏。他们将建筑作为园林山水
风景中的一部分，而不是独立的艺术门类来加以考虑。因而，
努力处理好建筑和周围山水环境的关系，是造园设计构思的
关键。

北京现在的北海公园原是明清两朝西苑的北半部。其风
景重点是琼华岛上的白塔山，它虽然是人工建筑的假山，但
在体量、高度和轮廓等方面，都处于全园的统领地位。这一

观赏效果，主要来自建筑与环境的相互配合。清代对塔山重修，借鉴和吸收了镇江金山寺的特点，并且还继承了海上三仙山的造园传统（塔山上的三峰实际上象征了三仙山），来满足统治阶级对神仙幻境、月中仙宫的追求。因而建筑遍布全山，著名的有永安寺、白塔、庆霄楼、阅古楼、延南薰亭、酣古堂等。这些建筑或显或隐，都和山水结合成一体。就拿琼岛东北一组建筑来说，这里有见春亭、古遗堂、峦影亭、看画廊和交翠亭，它们和假山石洞、踏步磴道构成了一组独立的山岩建筑景致，亭台错落，宫墙蜿蜒，游廊斜飞，生动地将自然和人工融于一体。这样的融合，既使山上建筑成为风景构图的中心，又为整个山水欣赏空间中多样景物的协调创造了条件。因此，塔山上虽然建筑众多，既有临水的廊榭，又有高踞的亭台，既有像阅古楼那样周绕北岸的大建筑，又有仅能容纳几人的小亭，但是我们如果从湖北岸远望，这些建筑联络并烘托了周边的山水树石，展现在游人面前的是一幅烟云弥漫的仙山楼阁图。

园林建筑比较灵活多变。传统古建筑那种强调中轴线、绝对对称的群体布局方式被摒弃了，它们随宜布置点缀在如画的风景中，可在山巅，可在水际，连作为主要活动起居场所的厅堂，也可从赏景的目的出发，"按时景为精"，灵活布置。而为了满足一些特殊的起居娱乐功能的需要，它们也可以突破传统法式的制约，创造出令人意想不到的新形式。如

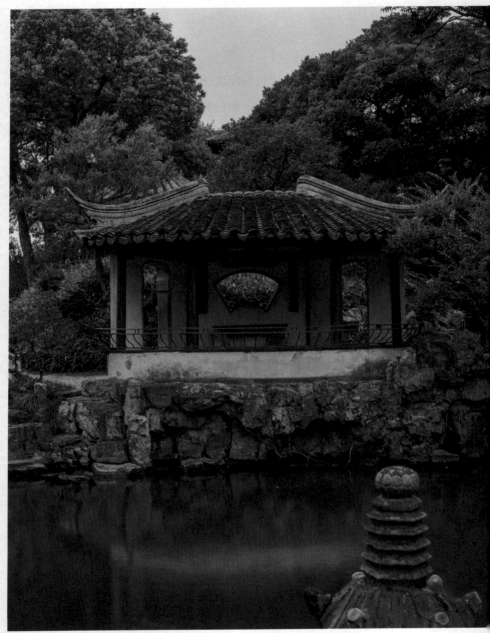

图 4-15　苏州拙政园与谁同坐轩

冯方宇 摄

苏州拙政园西部的主厅卅六鸳鸯馆，因为园主人酷爱昆曲，为了上下场的方便，在正厅的四个角上，均凸出一间，而形成一厅带四室的奇特型制。一些处于山水间的亭台小筑，其形式更是多姿多彩。就在卅六鸳鸯馆前荷花池对面，立有我国古园中很有名的小亭——与谁同坐轩，其平面为一扇面形，意为清风自来。更令人叹为观止的是，为了与平面相配合，小亭后窗竟也是一个扇形，十分协调地点明了风景的主题。

古城镇江沿长江自西而东有三座著名的寺院：著名戏曲《白蛇传》中白素贞与法海和尚相争而最后水漫金山的金山寺；传为三国时刘备赴江东招亲的北固山甘露寺；汉大隐士焦光归隐的焦山定慧寺。这三座寺庙园林的建筑布局完全不同。金山寺依山而建，层层拔起，完全将山包住，人称"寺包山"；焦山植被极好，宛如浮在江中的一枚翠螺，定慧禅寺坐落于山麓，缓坡乔木将佛殿遮掩，从外面望去，只能依稀见到几段黄墙，人称"山包寺"；而北固山突兀于江边，沿江一溜绝壁悬崖，甘露寺则雄踞于山巅，人称"寺镇山"。这些各有特色的处理是因地制宜布置风景建筑的典型。

园林建筑一般规模不大，风格典雅。"雕梁画栋"是古代诗人形容建筑美的常用语，可见古建筑的装饰比较华丽，特别是宫殿、庙堂等正规建筑，雕镂和彩画是少不了的。园林建筑基本上不使用正规建筑繁缛艳丽的装饰，不用雕梁斗

图 4-16　苏州留园五峰仙馆的门扇

冯方宇 摄

拱，追求雅朴的风格。"雅"是我国传统美学中一个很特别的范畴，通常是指宁静自然、简洁淡泊、朴实无华、风韵清新。这些在古典园林的建筑上均有所反映。例如，正规建筑的模数采用一、三、五、七的奇数制，级别越是高，开间的间数就越大。而在园林中，非但有二、四的偶数间出现，而且还根据需要出现了一间半和两间半的型制。如苏州留园东部的揖峰轩，是石林小院中面对石峰的小斋，这里庭小景精，石峰、翠竹、芭蕉成了小而雅的欣赏主题，因而小斋出现了两间半的灵活布局。同样，苏州拙政园的海棠春坞小斋也只有一间半的型制。正如《园冶》中说的"半间一广，自然雅称"，由于建筑做出的巨大让步，这两处小院景色呈现出雅洁、别致和活泼的风貌。

为了欣赏风景的需要，园林建筑一般都比较空透。正规建筑中实的墙在园林中往往被虚的栏杆或空透的门窗代替，一些用作生活起居的主要厅堂每每设计成方便看景的四面厅，而位于山巅水际的亭台小筑，干脆连门窗也不要了，四根柱子顶着一个屋顶。在这些建筑内，人们可以自由自在地环顾四周，尽情赏景。同时，建筑的空透开敞，又使室内外空间互相流通，打成一片。从外面来看，亭榭很自然地融入整个风景环境之中，而坐在建筑中的游人，也同样感受到依然身处园林风景之中。北京颐和园前山西面，有个景点叫山色湖光共一楼。这里既能看见玉泉山和玉峰塔，又能看见

图 4-17　北京颐和园山色湖光共一楼　　　　　　　　　　　　视觉中国供

昆明湖的潋潋碧波，通过它开敞的四壁，几乎把外边的景致都引进到建筑里面来。再如近旁的画中游小亭，并不是说亭子如画，而是指亭子外面的风景空间好像一幅图画。游人进了这亭子，也就进到了这幅画中，这就是空透建筑的作用。《园冶》对此有专门的评论："轩楹高爽，窗户邻虚，纳千顷之汪洋，收四时之烂漫。"

亭、榭、廊、桥

　　古园中建筑名目繁多，莫穷其变，计成在《园冶》中列出专讲的就有堂、馆、楼、室等十四五种。其实，在园中随宜布置、引导游赏和点缀风景的倒是一些小筑，其中最重要也最常见的是亭、榭、廊、桥。

亭的历史非常悠久，但古代的亭并不是观赏用的风景建筑，而是一般用作中央政府驿站交通的配套设施。所谓"十里一长亭，五里一短亭"也主要是指路旁供行人休息用的亭。之后亭逐步出现在花园中，到宋代，园亭已经很普遍了，当时编纂的《营造法式》已详细记载了亭的格式和构造。但是亭原本的作用一直没有失去，计成在《园冶》中还说："亭者，停也，所以停憩游行也。"

亭的最大特点是独立自由，灵活性大，游古园，随处可见大小各式点景或观景用的亭子。它还能随宜地与墙、廊、桥等建构组合成半亭、廊亭或桥亭。凡游过拙政园，人们无不对别有洞天一景发生兴趣。除了其题名中富含着哲理之外，建筑本身也很特殊，是集廊、门、亭于一身的半亭。它不但节省了宝贵的园林空间，又空灵多姿，兼有游廊的收头转折作用和装点西部入口的引景美化作用。

形式多变、造型多样是亭的另一特点。除了简单大方的方形、矩形外，亭的平面还可有三角形、圆形、六角形、八角形和扇形等，一些植物花卉的简化图案如梅花形、海棠形等也常用作园亭平面。亭最富变化的是顶，有人曾不完全调查了古园的亭子形式，共绘出近百种亭顶造型。

素以湖光山色著称的杭州西湖，也少不了亭的点缀，据《西湖新志》载，有名的亭就有四十多座。如三潭印月湖中湖

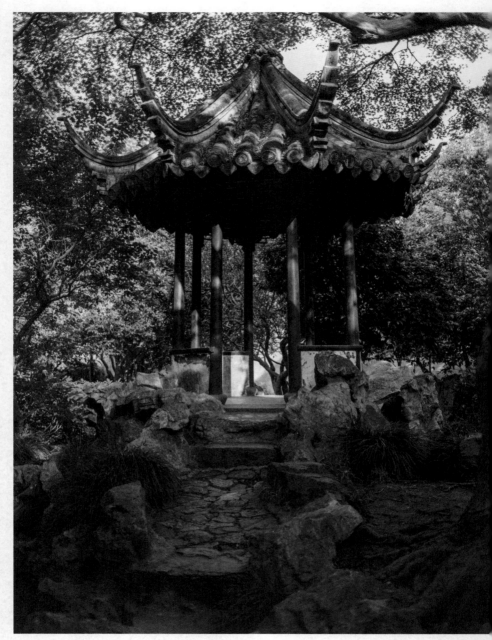

图 4-18　苏州留园八角亭

冯方宇

曲桥转角处的小亭，三柱三角，娇小娟好，亭顶起翘高挑，结顶处饰以冲天欲飞的仙鹤，造型甚为别致，是小亭中之杰作。而建于湖心小岛上的振鹭亭（又叫湖心亭），重檐攒尖，飞檐翘角，好像是镶嵌在西湖这一轮明月中的广寒宫。张岱在《西湖梦寻》中曾称赞道："游人望之如海市蜃楼，烟云吞吐，恐滕王阁、岳阳楼俱无其伟观也。"

苑囿中亭的变化更是层出不穷。北海五龙亭中的龙泽亭重檐是下方上圆，御花园中的万春、千秋两亭平面为十字折角形，其第一层檐为十字形，其上再覆圆形琉璃顶，显得特别富丽华贵。这些形式除了观赏上的考虑外，还有一定的寓意，如"天圆地方""春秋代序"等时空意识，含有某些深层的理趣。

"榭者，藉也。藉景而成者也。或水边，或花畔，制亦随态。"这是计成在《园冶·屋宇》中对榭的解释。它借景随宜的建置方式，和亭很类似，这也是人们常将亭、榭连在一起的原因。园中之榭，每每依水，故又称水榭，江南园林中有不少水边小筑题名为藕香榭、芙蓉（荷花）榭、鱼乐榭、水香榭等，很能令人联想起菱荷飘香的江南水乡风光。

廊是我国古园中很特殊的带形建筑，它可以分隔景区、引导游览、联系交通。廊体量小巧，是比较隐的建筑，与那些占据园中重要位置的厅堂楼馆或点缀勾勒风景的亭榭相比，它不是建筑中的主体，而常常贴水穿行于花间柳下，被

图4-19　无锡寄畅园先月榭

冯方宇 摄

树丛、山石所遮掩。但它那又曲又长的连续形体和简朴的造型，却具有一般建筑没有的曲线美和朴素美。古代造园家很注重廊在园景中的作用，认为廊宜曲宜长，这样便可以随形而弯，依势而曲，或蟠山腰，或穷水际，通花渡壑，蜿蜒无尽。而园林中多了高低曲折任意、自然延续的廊，也就多了一种风景境界。

清人李斗在《扬州画舫录》中曾介绍了廊的种类和在园林中的组景作用：

板上甃砖，谓之响廊；随势曲折，谓之游廊；愈折愈曲，谓之曲廊；不曲者修廊；相向者对廊；通往来者走廊；容徘

图4-20　苏州网师园蹈和馆的长廊

冯方宇 摄

徊者步廊；入竹为竹廊；近水为水廊。花间偶出数尖，池北时来一角，或依悬崖，故作危槛；或跨红板，下可通舟，递迤于楼台亭榭之间，而轻好过之。

这里写的各式园廊，在今日古园中亦随处可见。如苏州灵岩山灵岩寺有响廊；留园东部有"之"字形的曲廊，中部有依墙而建的走廊；济南大明湖铁公祠两侧有水廊。此外还有北海静心斋依山围合、随势起伏的爬山廊；扬州寄啸山庄纵横交叉、上下立体盘旋的复道廊；上海豫园万花楼西侧一分为二、南可观鱼、北可看花的复廊；还有拙政园小沧浪前秀丽轻巧、横跨溪涧的小飞虹桥廊。

颐和园的长廊尤其著名。它环绕于万寿山前山，东起乐寿堂的邀月门，西至石丈亭，全长约一里半（约750米）路，共有273间，是古园最长的游廊。廊中又串起了留佳、寄澜、秋水、逍遥四个八角亭，象征着春、夏、秋、冬四季。长廊又是装修得最考究的游廊，其梁枋上绘有数百幅西湖景，使廊外山水和廊内画面相呼应。从装点前山景致来看，这一建造精美、曲折多变、蜿蜒无尽的长廊确实像环绕万寿山的一条飘忽飞舞的彩带，绚丽多姿。

桥是人们为跨谷渡河而建造的一种交通建筑形式，有很高的实用价值。在园林中，它也是组织游览，美化园景的重要手段。

图 4-21　北京颐和园的长廊　　　　　　　　　　　　　　　　　　　　　　　　视觉中国供图

　　"两水夹明镜，双桥落彩虹。"这是李白《秋登宣城谢朓
北楼》一诗中的名句，不少古园均在水中以其诗意来构筑桥
景，当年圆明园在福海南端就有夹镜鸣琴一景。彩虹是诗人
对拱桥的美称，它以美丽的弧形飞跨溪流，却如雨后彩虹一
般。小的拱桥，只两三步便可跨越。网师园水池东南为一水
口，溪流从南边假山中缓缓流出，上跨小拱桥长仅三四尺，
人称三步拱桥，小巧精雅，增添了此景点的情趣。

　　颐和园昆明湖西堤是以杭州西湖苏堤为原型构筑的，堤
上亦跨六桥，其中玉带桥（正名绣绮桥）是古园中最出名的
高拱桥。它在结构上采用了蛋形陡拱，桥面为双向反弯曲线，
桥身用汉白玉砌筑，通体洁白，宛如玉带。桥下碧波，静影

沉璧，一虚一实，形成环状，使人顿悟"一道彩虹上下圆"的美妙意境。

　　江南园林中，高大拱桥少见，唯浙江海盐绮园是例外。此园是浙江现存文人私园中规模最大、保存最完整的一座，被专家誉为浙中第一。它有一个较大的水池，池中筑两堤，架三桥。其中东堤北端的罨画桥是座拱桥，桥身所镌一联恰巧也是"两水夹明镜，双桥落彩虹"。此桥甚高，登九级踏步方到桥顶，桥洞宽大，类似江南河网地区便于行船的"环洞桥"。园池中造此桥，实是艺术上的大胆之笔。由于桥身长，东堤就显得稍短，从池西的平沙曲岸看来，这一水面的分隔就呈半虚半实状态，潋滟清波在空透的桥下流动，东岸山上茂林修竹之倒影透过桥洞伸展到西边的大池中。两端桥堍各有一棵亭亭如盖的百年香樟，更增添了桥堤的风姿，加上后边大假山的陪衬，使这一以桥为主题的景色充满了浓郁的画意。

　　园林桥景，变化无尽。一般而言，园中高大平直的桥较少，曲而贴水之桥多见。而曲桥又有三曲、五曲、九曲，直至像厦门菽庄花园那座横跨海上的四十四曲桥。要是按用材分，又有木桥、砖桥、石桥等。另外，桥还能同其他建筑形式相结合而组成亭桥、廊桥、闸桥等。在这些组合式的桥景中，以瘦西湖五亭桥最著名。

　　"二十四桥凝目处，往来人在图画中。"维扬多水，素以桥胜，瘦西湖更是如此，其中"四桥烟雨"一景中的四桥是指虹桥、长春桥、春波桥和莲花桥。莲花桥因筑于莲花境上而得名，因其上筑有五亭，游人都称之为"五亭桥"。这座桥平面为"H"形，在桥四角修四个单檐方亭，正中亭为重檐。据说当年构筑样式时是受到北海金鳌玉蛛桥和五龙亭的启发，将桥之美与亭之美叠加在一起。水中桥墩亦分四翼，每翼有拱形桥洞三个，再加上正桥底下的三孔，共有大小桥洞十五个。据《扬州画舫录》说，每当满月时，每洞各衔一月，金色滉漾，众月争辉，莫可名状。如此巧妙地利用建筑赏月的佳景可与西湖三潭印月相媲美。

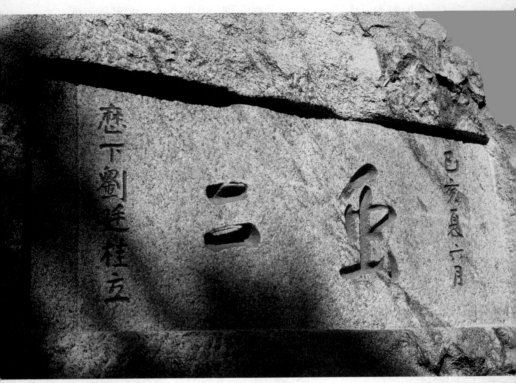

图 5-1 泰山石刻"风月无边"

视觉中国供图

172 园林漫步

第五章

风月生意境

从红门宫入游东岳泰山，在革命烈士纪念碑以北的山道石壁上，刻着醒目的"虫二"两个大字，游人到此，均会停步细心揣摩。其实，这是"风月"两字去掉边框后的变体字，隐喻"风月无边"的意思。"风月"是古人对于风景中光线、气候景观的称谓。它们在园林中，也是重要的组景要素。然而，这些景观属于自然现象，造园家是没有能力去创造出来的。因此，在园林的结构布局中，造园家往往创造条件，去组织、利用这自然中无价的"风月"，给景色增添迷人的光彩。

园林审美的升华

风月景是指非实体的风景形象，主要包括两部分：一是指自然本身有规律的天象变化，如太阳的升落带来的光线转换和阴影变化、月的盈亏圆缺、四季时令的更替；二是指灵活多变的天气变化，如空气中的水汽在不同条件下生成的云、雾、雨、雪以及风雷、霞光等。这些变化常常是人们特别喜爱观赏的风景，例如朝辉、晚霞、彩云、飘忽不定的薄雾，甚至风雨交加、电闪雷鸣等。在园林风景中，假山石峰、池湖溪涧、植物动物及建筑楼台等构园要素都是具体的、由造园家布置安排的"实景"，而自然光线、天气现象变化所引起的景观是活的，带有相当的随意性，造园家将它们统称为"虚景"。实景是园林的骨架，它们构成了主要的风景画面。但是园林不同于其他艺术，它如诗似画，艺术效果的获得还每每要借助于自然界中形形色色虚景的辅助。有了虚景，园林才会显现出更丰富、更诱人的神采。

我国古典园林欣赏非常重视艺术意境的感悟。而有了晦明日月、风雪雨雾等虚景的辅助，园林中的山水林木、建筑亭台就会现出一种活泼的生气，更能引起人们的情感活动而达到情景交融的理想审美状态。

日光是山水风景形象和色彩的主要描绘者。宋代的画家郭熙早就看到了这一点，他说："今山，日到处明，日不到处晦，山因日影之常形也。"意思是说，山色的明暗变化，外形的清晰或模糊，都与光线的强弱、照射角度有关。不同的光线，如霞光、月光和星光会给风景罩上不同的色彩。清代杜濬写过一篇叫《山晓亭记》的短文，记述了在南京城内一座园林中的山上小亭，看城外钟山在不同的虚景烘托下，所呈现出的极其丰富的色彩变化：

> 盖钟山者，气象之极也。当其明霁，方在于朝，时作殷红，时作郁苍，时作堆蓝；……素月照之，时作远黛，时作轻黄；星河影之，若素若玄。凡此，无论昼夜，皆山之晓也。

这是多么绚丽的画面，可以说，就是最天才的画家，也很难将这一山色的变幻描绘出来。人们平日所见的"五光十色"的风景，赤橙黄绿青蓝紫的变化，离开了日光、月光和其他风月虚景的衬托渲染，就不存在了。

自然界充满无比多样的风月之美，那阴晴的变化、日光的转换、月亮的圆缺、季节的更替，以及古人常说的风花雪月、波光云影、虫鸣鸟语等都能触发游赏者的赏景意趣，因而在游览园林时，要不失时机地去捕捉和观察多变的风月景，以虚补实，将它们组合到风景欣赏中来，以领会和揣摩造园家所塑造的园林艺术的意境美。

上海的豫园是很有特色的游览点，那里有荷花池、湖心亭和九曲桥等园林建筑。但是今天对游人吸引力更大的是美味可口的小吃铺、琳琅满目的商业市街。其实，这里曾是江南名园豫园的中心部位，景色非常美丽，距今只不过一百多年前，清诗人萧承萼曾这样来描写它："如墨云明掩夕晖，模糊烟柳影依依。无端几点催诗雨，惊起闲鸥水面飞。水心

图 5-2　上海豫园九狮轩秋色　　　　　　　　　　　　　　　作者供图

亭子夕阳红，九曲栏杆宛转通。小坐忽惊帘自卷，晚凉刚动
藕花风。"

　　这首诗向我们展现了当时恬静、清新的园林风景图画。
仔细分析起来，这一荷池、曲桥、亭台之景中，虚的风月之
美所占的比重是很大的，有墨云、夕晖、几点催诗雨、一阵
卷帘风……要是没有这许多虚景来寄托诗人的赏景意趣、引
发诗人的情思活动，而是像我们今天所看见的那样，只有一
座水上亭台、几段曲桥栏杆，那么这一园林景色的意境就大
不一样了，即使再多下几滴雨，也催不出诗人的诗兴来。

　　因此，尽管山石，水体以及建筑花树等是组成园林实体
欣赏空间——境的主要构架，但是引发观赏者情感冲动，进

而达到赏景过程中情景交融的境界，却常常要依靠许多虚的、多变的风景美信息。自然界充满着无比多样的风景美信息，因而在园林欣赏中，随机感悟那瞬间即变、流动的"虚"的风景美，对触发人们的意趣心绪、烘托园林意境，有着不可忽略的作用。一些审美修养较高的艺术家，对园林虚景常常倾注着很浓的感情。如扬州八怪画家郑板桥有一则题画：

> 十笏茅斋，一方天井，修竹数竿，石笋数尺，其地无多，其费亦无多也。而风中雨中有声，日中月中有影，诗中酒中有情，闲中闷中有伴，非唯我爱竹石，即竹石亦爱我也。彼千金万金造园亭，或游宦四方，终其身不能归享。而吾辈欲游名山大川，又一时不得即往，何如一室小景，有情有味，历久弥新乎？

这里，郑板桥在小小庭院竹石所表现出的影色之美中，深深陶醉了。"影"是不断移动，若有若无的；"声"更是有赖于实景与风、雨的相互作用，均是园中的虚景，但在意境中具有重要的作用。历代的咏园诗中，对月影、云影、花影、树影，风声、雨声、水声等所构成的意境，有很多入神的描写，如高濂的"粉墙花影自重重，帘卷残荷水殿风"（《玉簪记·琴桃》）；林逋的"疏影横斜水清浅，暗香浮动月黄昏"（《山园小梅》）；欧阳修的"柳外轻雷池上雨，雨声滴碎荷声"

（《临江仙》）。其他如季节的转换、阴晴的变化、鸟虫的鸣叫、花木的香气，均能唤起人们各种愉快的联想和审美感受，从而丰富了观赏者所获得的"象外之象"，加大了赏景情感活动的自由度，而使园林意境更为充实有味。

由此可见，含蓄变幻的风月虚景，在园林欣赏中所起的作用是很大的。它们活泼多变，没有固定的形式，要求更高更敏锐的赏景能力。在园林的结构布局中，造园家为了帮助人们去捕捉并欣赏这些风月之景，常常在景区主题的建筑或山石上留下明确的提示。例如苏州网师园有月到风来亭，还有濯缨水阁柱上的楹联："水面文章风写出，山头意味月传来"。此外，苏州留园有佳晴喜雨快雪之亭，拙政园有雪香云蔚亭，环秀山庄有补秋山房，怡园有锄月轩，北京北海有烟云尽态，颐和园有意迟云在，恭王府有松风水月等。

要是将风月景同园中实景结合在一起，那么风景的变化就更丰富了。就拿承德避暑山庄一园来说，这种虚实相济之景就有烟波致爽、南山积雪、芝径云堤、西岭晨霞、万壑松风、云容水态和锤峰落照等。

如此变化多样的自然界"虚"的风景美信息极大地丰富了园林的意境构思。比起以单一的风景元素构成的园林（如西洋的植物园、岩石园等），观赏者选择的余地也要宽广得多，即使他们的文化修养、赏景经历和审美水平有较大的差别，也都能从中见仁见智地攫取到与自己审美情趣、审美习

5-3　苏州网师园月到风来亭

惯合拍的景色，使心灵中的某种感情和理想与之相协调，继而产生共鸣而获得强烈的美感。

烟云雨雪之美

"乍聚乍散看浮云，忽红忽青变幻忙。"园林风月景的最大特点是丰富的变幻，就好像是园林风景的表情和神采。古代画家在谈到山水、草木和烟云的关系时说：山以水为血脉，以草木为毛发，而以烟云为神采。这一很有见地的观点也深深影响了园林艺术。和自然山水一样，园林风景只有得到烟云虚景的辅助，才能更动人。

大画家黄宾虹说："我看山爱看晨昏或云雾之中的山，因为山川在此时有更多的变化。"历史上，凡是酷爱风景、修养较高的艺术家均和黄宾虹一样，喜欢在晨昏晴晦变化时饱览山水的生气神态，有的还专门用艺术去表现山水风景变化时的美。北宋书画家米芾是我国绘画史上米氏云山的发明者，所谓米氏云山，所表现的都是清晓新晴、烟云吞吐变化的特殊景色。米芾久居气候多变的潇湘和京口（今镇江），对自然山川的变化观察得十分仔细，他说："大抵山水奇观，变态万层，多在晨晴晦雨间，世人鲜复知此。"特别是镇江南郊的园林风景，对米芾山水的创作帮助更大。镇江南郊诸山，风景秀丽，满山葱翠，历来是园林名胜聚集之地，有南朝梁昭明太子的读书台、著名的大刹竹林寺和招隐寺等。这

图 5-4　承德避暑山庄的雪景　　　　　　　　　　　　　　　　　　　　视觉中国供图

图 5-5　北京颐和园十七孔桥雪景　　　　　　　　　　　　　　　　　　视觉中国供图

里层峦叠嶂，又紧靠长江，水汽蕴聚，常化为薄雾细雨，弥漫于山水间，为艺术家山水风景画的创作提供了不可多得的真实蓝本。为了坐穷这些烟云之景，米芾迁居于镇江。当时他住在北固山下，北固山陡立江边，三面临水，远眺沿江诸山，"云气涨漫，冈岭出没，林树隐现"，确实是观赏"夜雨欲霁、晓烟既泮""好雨新晴、绚霞明丽"等云山雾景的好地方。

"水光潋滟晴方好，山色空蒙雨亦奇。欲把西湖比西子，淡妆浓抹总相宜。"由于宋代文学家苏东坡的这首诗，杭州西湖水光山色的神采变化为世人所称颂。晴天水光潋滟，显现的是浓妆娇妍的美；雨天山色空蒙，显现的是素净淡雅的美。不仅南方园林有如此奇妙的景色，北方园林亦有。北京颐和园十七孔长桥上有一副对联，也很恰切地点出了昆明湖、龙皇庙岛一带细雨蒙蒙之景和风和日丽之景的不同趣味，对联为："烟景学潇湘，细雨轻航暮屿；晴光缅明圣，软风新柳春堤"。虽然这一联文字与苏东坡的诗不能同日而语，而且字里行间透露出对封建帝王的颂扬与奉承，但所写的园景还是很美的。上联写每当烟雨蒙蒙，整个湖景就像古曲《潇湘水云》所奏的那种烟波浩渺、云水相映的境界；下联是每逢风和日丽的晴天，轻风送暖，春堤上新柳摇拂，人们就会缅怀先哲圣明。

风月景的动态变化还能起到协调风景空间中各种山水景

物的作用。时晴时阴的明暗交替、朝辉晚霞的光线变化、浓雾薄云的飘忽来去，给山水景物罩上了一层统一的色调。只有在这些动的风月景的衬托下，静的山水泉溪、林木花草之间才呈现出调和融洽的关系。例如溪泉的水汽蒸腾、林木的露珠欲滴、山石的云蒸雾绕、奇峰的霞光照耀等，这些人们经常看到的园林小景都少不了风月景的联络和协调。

　　风月景中对景物调和作用最大的是晨曦暮霭、柔云薄雾等所谓的烟云之景。在它的笼罩之下，园林景色就会分外柔和并现出一种韵味来，这也是人们喜欢赏早晚之景的原因。从风景画面的形式美效果来看，强光下的景物往往是纤毫毕露地呈现在游赏者的面前，这样风景空间的景色层次就减少了，前后景深也缩短了，其观赏效果就要大大逊色于光线柔和、薄雾轻绕的晨昏时分，可以说烟云之景有着增大园林空间的功效。如苏州拙政园中心水池两头，置放了两座别致的小亭，东为梧竹幽居，西是别有洞天半亭，门洞均为圆月形，是专设的隔水相对的景点。如果游人在晴天和阴晦之日都在此赏过景，就很容易辨别出其景色的高下。晴天赏景，所有山池建筑花树都一目了然，虽然隔着较大的水池，还是觉得彼此靠得很近。若是清晨从别有洞天东望梧竹幽居，逆着霞光，就可以发现许多晴天看不到的美景：曲折迂回的水面泛出明灭不定的光影，池中两岛在晨雾中显得迷迷蒙蒙，远香堂、倚玉轩等建筑在逆光中只现出它们轻巧的剪影，水那头的圆洞门小亭退得很远很远，加上柳树花木的遮隔，整个风景空间显得十分深远。

烟云雨雾之景还能使花树建筑等较为浓艳的颜色显得比较柔和整一。例如北京颐和园前山上，佛香阁、排云殿等建筑色彩浓艳，琉璃瓦在阳光下闪闪发光，有了烟云之景的辅助，其建筑的色彩与周围环境就显得更为调和。

"云水空蒙草树妍，湖山幽赏晚晴天。绕亭花放红于火，万绿丛中看木棉。"这是古人赞扬惠州西湖"红棉春醉"一景的诗句。红棉春醉景亭建在西湖明水湾前的小岛上，岛上红棉环绕，春日花开如火如荼，与绿水相映，分外有趣。但是如此强烈的色彩对比的景色，在烈日当午之时去观赏，其趣味远不如云水空蒙、湖山幽静的早晚时分。每当旭日升起之前，游人立于春醉亭中，远处淡淡的苏堤如带跨湖而去，湖水清澈晶莹，一丝涟漪也没有，十分柔静，而亭外红棉相绕，晨光中的满树红花在碧水、绿树的衬托下，显得更加娇艳而不刺目，此时方能领略到"万绿丛中看木棉"的奇趣。

美学家宗白华说过，风风雨雨是造成间隔化的好条件，一片烟水迷离之景是诗境，是画意。水云蒸腾、烟水迷离能够加深赏景的审美感受，提高欣赏的质量。按照我国欣赏山水景的传统，风景悉呈眼前的清晰直观并不能产生诗情画意的境界，只有在烟云雾霭作用下的含而不露的风景，才能给观赏者留下更多的回味思索的余地，从而使内心的情感和自

图 5-6 北京颐和园 烟云虚景衬托下的佛香阁 视觉中国供图

图 5-7 南京珍珠泉 晨曦中的迷离山水 作者供图

然的美景交融在一起，引起强烈的共鸣，达到审美的深化。

正因为烟云之景在园林中有如此之大的功效，历史上还有过人工制造烟云之景的故事。据明人谢肇淛的《五杂俎》记述，历史上有些著名的园林，如晚唐李德裕的平泉庄和北宋徽宗赵佶的艮岳，在修筑假山洞窟时，曾使用了焰硝（即炉甘石）。这是一种天然矿物，受潮之后便能滋生烟雾。这样就使假山沟壑时时处于烟云缭绕之中，赋予山水景以人工创造的"表情和神采"。

游览园林，碰上淅淅沥沥的雨天，人们常常会抱怨天公不作美，游兴顿减。其实，这大可不必。雨景是园林风月景中很独特的一种，常常给文人墨客以创作灵感，如唐代王勃的"画栋朝飞南浦云，珠帘暮卷西山雨"、北宋曾巩的"朱楼四面钩疏箔，卧看千山急雨来"，都是脍炙人口的赏雨景名句。我国古典园林中每每因地制宜地设立赏雨景点，有的利用层层起翘的屋面汇集雨水，使之飞挂而下，如上海豫园仰山堂上的卷雨楼等；有的主听雨声，或者有意留得残荷听雨声，如苏州拙政园的听雨轩和留听阁等。

欣赏雨景，首先是欣赏雨给整个风景带来的整体的朦胧美。由于雨帘的遮隔，平时清晰可见的景色变得模糊起来，雨时大时小，雨幕中的景物也时现时隐，阵风吹来，雨帘晃动，雨中之景好像也飘忽不定。但是整个画面的调子是整一和谐的，一切杂芜之景似乎都被雨幕掩盖了，这种情景最能

图 5-8　苏州拙政园听雨轩外的芭蕉　　　　　　　　　　　　　　　　冯方宇 摄

引发游赏者的情思意蕴，产生无穷的回味。

雨中的杭州西湖是很美的。放眼望去，但见满湖烟雨，山山水水俱是一片迷蒙，湖上景物若隐若现，似有似无，那湖心亭、三潭印月、苏堤和白堤，只现出淡淡的影子，犹如隔着一层厚厚的纱幕。要是骤雨初歇，纱幕渐渐退去，这时的湖山云雾蒸腾，时露时隐，使人马上联想到"犹抱琵琶半遮面"的名句。那空蒙幽奥的景色，就像一幅刚完成的湿淋淋的水墨画卷。晚清著名诗人魏源也深为这一景色所陶醉，他对西湖雨景的描绘非常传神："峰耶曰是云，云耶曰是山。山为湖云混，雨后无真峦。谁知后雨湖，复为烟所牵。舟到烟暂开，百步时一班。如镜受呵气，难鉴西施鬟。千影万影内，出没争羼颜。纯是墨天图，黯黯有无间。"在雨帘云雾笼罩下的西湖，墨云和黛青色的山看上去十分相似，湖水被烟云所隔难见真容。诗人用"如镜受呵气，难鉴西施鬟"来比喻，真是再恰当不过了。

赏雨景，其色彩的单纯也常常使游赏者为之动容。雨幕笼罩下的园林山水，往往会失去其本来的色彩，而现出几种极其素净淡雅的单色。好像是传统绘画中的水墨画，完全靠墨色的浓淡、深浅、层次来表现景物的美。

苏东坡在杭州做地方官时，也常耽乐在山水风景中，作诗饮酒，快乐无边。他有一首写雨景色彩的诗："黑云翻墨未遮山，白雨跳珠乱入船。卷地忽来风吹散，望湖楼下水如

图 5-9　雨中西湖　　　　　　　　　　　　　　　　　　　　　　　视觉中国供图

天。"黑云白雨，两种最基本的色彩成为西湖雨景的主调。古人爱雨中西湖，今人也不乏追随者。如《现代游记选》中有一篇《西湖即景》，也是叙述雨天赏西湖的体会的。作者第一次冒雨登玉皇山，是受了"破雨游山也莫嫌，却缘山色雨中添"的激励，山道路湿苔滑，拾级而上，一会儿就被雨水汗水弄得浑身湿漉漉的了，但所见景色别有趣味："天气瀜瀜蒙蒙，一派淡灰色的调子。衬托着这个背景，挂了万千水珠的竹子格外青翠。站在山顶上，一边可以俯瞰钱塘江。江水浩浩渺渺，从雾迷云封的天边曲折而下。对面的萧山只是一抹青影。"因为风大雨大而躲在茶榭里避雨的作者，不经意地朝轩窗外望望，竟从这一造园家精心安排的窗洞中看到了雨中美景：

　　一种奇特的，出乎意想的美景使我惊呆了。西湖宛如墨染了一般，完全变成浓黑的了。"波漂菰米沉云黑"，信然！"沉云黑"三字出自胸臆，也还是得于自然。中国画里有一派米点山水，用饱墨挥洒大大小小的点子，或疏或密，或浓或淡，用来表现山雨空溟的景色。我一向以为这种技法写意太甚，用处是不大的。不想在一个偶然的机会里纠正了我的看法。湖水是浓黑的，而苏堤则是一条白色的带子，堤上六桥竟宛如汉白玉雕刻的了。变幻的天工造成奇特的黑白对比，这美是我生平未见的。

　　赏雨听声又是雨景的一大趣味。江南园林中，利用雨点敲打植物叶片（主要是芭蕉、荷叶等大叶植物）而发出轻重、快慢、缓急的声音之景非常之多，甚至在竹楼、竹亭这样的建筑之内，聆听屋面上多变的雨声也不失为一景。而在大型的山水园林中听雨，其味更浓。唐诗人白居易一次游湖遇雨，看雨景、听雨声入了迷，他在《孤山寺遇雨》中写道："拂波云色重，洒叶雨声繁。水鹭双飞起，风荷一向翻，空濛连北岸，萧飒入东轩。或拟湖中宿，留船在寺门。"隔轩窗听雨，诗人还嫌不够，竟想宿在船里，整夜细听那密雨的急奏。
　　园林中赏雪景，也是一件快事。纷纷扬扬、漫天飞舞的雪花以及其各式六角形的结晶给人们一种形式的美感。而那无声无息堆积起来的雪，洁白并纯净，又予欣赏者一种质的美感。

"一雪幻成银世界，孤筇直到玉楼天""忽如一夜春风来，千树万树梨花开"。突如其来的一场大雪，常常将昨天还是流丹泼翠的美妙景色变成一片白茫茫的世界。这一片纯白是对山水风景很好的修饰，它把那些污泥丑石、枯枝败叶遮掩起来，使远远近近、高高低低所有的林泉草木、山水建筑都显得洁净素淡，表现出从未有过的协调美。然而，富有生气的园林风景很少完全被白雪掩盖，那黄色的假山石壁、那青灰色湖石的悬崖之下，还有多彩的建筑屋顶之翘角以及古木巨松的背风面，一般都不会被雪覆盖，它们那裸露出的色彩因为有白雪的衬托而显得更为美丽明亮。清代文学家曹雪芹在《红楼梦》第四十九回有一段描写宝玉等人雪天游园情景的："出了院门，四顾一望，并无二色，远远的是青松翠竹，自己却如装在玻璃盒内一般。于是走至山坡之下，顺着山脚刚转过去，已闻得一股寒香拂鼻，回头一看，恰是妙玉门前栊翠庵中有十数株红梅如胭脂一般，映着雪色，分外显得精神，好不有趣。"此外，流水也不会被白雪覆盖。要是雪后登高赏景，那条条溪涧就像嵌在银装素裹的园林中的碧绿丝带，所有这些汇合成了雪天园景的"高调子色彩交响曲"。

自从清乾隆皇帝在断桥边题了"断桥残雪"的碑文之后，

图 5-10　苏州拙政园的雪景　　　　　　　　　　　　　　　　　　　　视觉中国供图

图 5-11　苏州网师园的雪景　　　　　　　　　　　　　　　　　　　　视觉中国供图

杭州西湖断桥雪景就更出名了。断桥是白堤的起点，正当西湖里、外湖的分水点上。桥堍东北，便是立碑的御碑亭，与亭联立的是临湖水榭"云水光中"。这一亭一榭，和断桥浑然一体，点缀着湖山的美。平时这里是长堤香山与蓝天碧水相辉映，风光迷人，而冬天雪景更是奇绝。无论是站在断桥看四周的雪景，还是待在亭榭中看桥上残雪，都有它特有的趣味。要是瑞雪初霁，远山近堤，银装素裹；楼台高下，铺琼砌玉。人在桥边水榭中看断桥雪景，但见带着积雪的桥影倒映水中，更是滉朗生姿。古人曾称"诗在满桥风雪中"，桥、亭等风景建筑与雪配合，似乎更能加强雪景的魅力。

我国北方园林，几乎年年有雪景可看。那西山层峦素静生辉，满湖碧山凝成寒璧，前山丽宫变成琼宫玉宇的北京颐和园雪景；还有那"千山鸟飞绝，万径人踪灭"，唯有湖区宫馆仍然生意盎然的承德避暑山庄冬景，都吸引了许多不畏严寒的游客。

醉人的月色

"独上江楼思渺然，月光如水水如天。同来望月人何处，风景依稀似去年。"皎洁的月色，从古到今，不知牵动了多少游子的离愁，也不知引发了多少骚人的诗兴。作为自然界有规律的天象景观，月亮是最有魅力的。新月如眉，望月如盘，月亮的盈亏交替给夜晚的山水林泉带来了沉静中的*丝丝*

生气，月亮的光亮给风景园林涂上了一层迷人的色彩，为此月亮倍受造园家的青睐。计成在《园冶》中，多次提到月色对园景的美化作用："溶溶月色，瑟瑟风声；静扰一榻琴书，动涵半轮秋水""曲曲一湾柳月，濯魄清波；遥遥十里荷风，递香幽室"，还有"寒雁数声残月"是仰借天上之月，"俯流玩月"是俯借水中的影月等。这些在园林中，都得到了很好的实践。

常熟虞山破山寺是一处很出名的山寺亭园，自从唐代诗人常建咏园景名句"曲径通幽处，禅房花木深"不胫而走、广为流传之后，此寺园更是声名日上。明代文人张大复一次与其叔夜游破山寺，置酒僧舍，起步庭中，观赏幽华可爱的月景，结果看到了与白日下完全不同的景象，使他久久不能忘怀。后来在《梅花草堂笔谈》中，他记下了当时的赏景体会：

邵茂齐有言，天上月色能移世界，果然！故夫山石泉涧，梵刹园亭，屋庐竹树，种种常见之物，月照之则深，蒙之则净，金碧之彩，披之则醇，惨悴之容，承之则奇；浅深浓淡之色，按之望之，则屡易而不可了。以至河山大地，邈若皇古；犬吠松涛，远于岩谷；草生木长，闲如坐卧；人在月下，亦尝忘我之为我也。

这里说的"月色能移世界"，主要是指月光能改变园林

5-12　常熟虞山破山寺（今兴福寺）名诗石碑，宋代米芾所写

作者供图

第五章　风月生意境　195

风景原有的色、形、影等的氛围，赋予园林空间以深、净、醇、淡、空、幽、奇、古等种种风神情调。使游赏者"亦尝忘我之为我也"，达到物我两忘的赏景境界，而这正是我国古典园林所不断追求的。所以，利用月色来创造出能移世界的月境，是古代造园家所擅长的。

西湖十景中，有两处是赏月的。特别是中秋之夜来到湖边，整个境界在皎洁的秋月下便显得格外空明纯净。因为湖水到秋天就越澄清，月到秋日便越皎洁，此时合水、月以观，而全湖精神始出也。"平湖秋月"水榭突出于湖中，前为宽阔的石台，三面临水，围以曲栏画槛。古人记道："每当秋清气爽，水痕初收，皓魄中天，千顷一碧，恍置身琼楼玉宇，不复知为人间世矣。"

明代著名的文学家、旅行家袁宏道最爱西湖景色，曾对不同时令的景致做了逐一评说，他认为一年之中，春天最盛；一日之中，朝烟和夕岚最美；而昼夜阴晴之中，则月景最妙不可言，"花态柳情，山容水意，别是一种趣味"。这别样的趣味实际上就是水天清碧、表里澄洁的深净和醇淡的琉璃境界。与静谧、闲适一样，清醇、恬淡也是古代士大夫所追求的高层次境界，这也是我国古园，无论大小，每每要临水设立赏月景点的缘由。

避暑山庄湖区有一景，叫"月色江声"。这是介于上湖及下湖间的一个小岛，因离宫区较近，帝王园居时常在此读

图 5-13　西湖十景之平湖秋月　　　　　　　　　　　　　　　　　　视觉中国供图

书休憩。景点主建筑是一座三进的院子，朴素无华，周围多松柏古木，松荫洒地，环境很是清幽。由第一进月色江声入院，是主厅静寄山房，婉转点出了月境和静境的关系。每当皓月当空，月光倾洒，四周湖水碧波粼粼，轻波拍岸，在一片空灵宁静的世界中聆听浪声阵阵，其中之意味，实在无法言传。

中南海的瀛台四面环水，亦是赏月的好地方。此岛为清代最有名的宫廷设计大师"样式雷"雷廷昌立意构筑，他继承了苑囿池中筑三仙山的传统，力求将瀛台建成西苑中的人间仙境。因而岛上楼阁叠起，形姿华丽。此区有两处赏月景点，一是涵元殿东侧补桐书屋后的待月轩，另一是南边临池的迎熏亭，亭为歇山顶三面出抱厦，造型颇为别致，柱上挂有"相与明月清风际，只在高山流水间"的楹联。每当明月初升，园中的范山模水、金碧楼台在月光下便会失去原有的光灿灿的颜色，好像披上了一袭柔洁的轻纱，那缤纷多彩的景色均融化在统一的色调里，显得那样静穆端庄，呈现出一种"披之则醇"的纯净境界美。

宗白华先生曾在《中国艺术意境之诞生》一文中论及山水风景中的"空虚"，他说：

中国人爱在山水中设置空亭一所。戴醇士说："群山郁苍，群木荟蔚，空亭翼然，吐纳云气。"一座空亭竟成为山川灵气动荡吐纳的交点和山川精神聚积的处所。……苏东坡《涵虚亭》诗云："唯有此亭无一物，坐观万景得天全。"唯道集虚，中国建筑也表现着中国人的宇宙意识。

宗先生的这一总结具有高度的概括性。我国古典园林，化实为虚，以虚为上，有较强的唯道集虚意识，甚至有以集虚命名的景点（如网师园有集虚斋）。而园林创造的月境，便是化实为虚、化有限为无限的典型。

圆明园曾集全国名园胜景，其中安澜园系仿浙江海宁陈阁老的同名宅园所建，乾隆园居时很喜此小园景色，特别对无边风月之阁的空阔虚无的景色赞不绝口。在《安澜园十咏·无边风月之阁》的诗序中乾隆道："界域有边，风月则无边。轻拂朗照中，吾不知为在御园，在海宁矣。"沐浴在月光这样纯净的境界里，地域界线似乎已经消失，因而诗中乾隆吟唱出"三千界外三千界，踪迹无边那可寻"的感叹。

这座园中小园的母园——海宁安澜园是明清的江南名园，乾隆六次南巡江南，除前两次未到海宁外，后四次均驻跸于安澜园，其园名亦是他所赐，因海宁紧靠钱塘江入海口，取"愿其澜之安"之意改原"隅园"为"安澜"。园主人为了迎合讨好乾隆，将花园逐步扩大，占地百亩，楼台亭馆有三十余所。当时文人沈复曾在《浮生六记》中记述过是园的景色："池甚广，桥作六曲形，石满藤萝，凿痕全掩，古木千章，皆有参天之势，鸟啼花落，如入深山，此人工而归于天然者。余所历平地之假石园亭，此为第一。"

安澜园水大，更能衬出月境的虚无缥缈，清人陈璪卿往游后，对池上"和风皎月亭"中赏月，尤难忘怀。他在《安澜园记》中写道：

有轩然于湖上者，"和风皎月亭"也。三面洞开，湖波潋滟，秋月皎洁之时，上下天光，一色相映。北瞻寝宫，气象肃穆，南顾赤栏曲桥，去水正不盈咫，西望云树苍郁万重，意其所有无穷之境。

如此美妙的景色，惜乎毁于清末战乱之中。

江南其他园林的水面，都没有安澜园的大，然而各园之月景也各有其妙处。

苏州怡园的主厅藕香榭又叫锄月轩，南向对山，北向面水。临水一面，建有赏月的平台。"锄月""扫云"这些凡人无法做到的事，一向用来描绘逸人隐士绝迹山林的志向，在古代招隐诗文中出现很多。园林建筑以"锄月"为名，也表明了主人归隐田园的决心，然而另一方面也反映出士人对月景的喜爱。

在江南私家园林中，临水厅堂每每都要跨水建月台，以作夏日纳凉赏月之用。像拙政园远香堂、留园涵碧山房、秋霞圃山光潭影轩等均是。这种布局，一来取水面空间较开阔，树木遮挡少，看月看得真切；二来可以俯赏水中的月影。一真一假，一虚一实，上下争辉，更增添了月境的趣味。有的临水亭榭中，迎水还要挂上一面大镜，如网师园月到风来亭、拙政园香洲等。这样，除了真月、水月之外，又多了一个镜月，人在亭中赏景，几乎处于"月"的包围之中。

自从唐诗人徐凝"天下三分明月夜，二分无赖是扬州"的诗句广为传颂之后，古城扬州的园林月景似乎比别处更美了。新城徐凝门内的寄啸山庄，为欣赏闻名天下的"二分明月"，专门在分隔园子东西部的复廊上设立了两个半月台，东半月台赏明月初升，西半月台观残月下落。在东半月台对

图 5-14　苏州留园涵碧山房

冯方宇 摄

面的院内，还有一座专赏平地假水月景的馆舍——梅月船厅。和一般园中的船厅不同，这旱船并不近水，而是置以净素的卵石铺地之中，铺地花纹以瓦片镶嵌作游涛水波状，予人以船行水中的联想。船厅明间柱上悬有一联，上联为"月作主人梅作客"，下联为"花为四壁船为家"。月夜在厅中举杯邀明月，那一片平整的铺地在四周湖石叠峰的衬托下，现出十分的水意，此时的明月，真正成了园林景色的主人。

　　月亮之光华，看上去明润而流辉，融洁而照远，有着特殊的素净之美。但它又是含蓄朦胧的，银光下，所有山水亭台都显得奇幻缥缈，杂乱之处被遮掩了，景色好像被净化了一般。月景呈现出的朦胧美，和雨雾中欣赏风景的迷蒙美不一样，雨雾中的山水，每每带有着某些动态的变化，随着雨幕的疏密变化和雾气的飘忽，景色时隐时现。而月光似水，十分安详稳定，在它朗照之下，景物近清远迷，犹如在游人和山水之间置了一座薄纱屏，它的朦胧是恒定的、深静的。古代造园家利用这一特性，常常在园林庭院中创造一种假的水景。

"月来满地水，云起一天山"，郑板桥的这两句诗颇为造园家所赏识，朦胧和深静的月光，要照在地势较低的平地上，周围配以一些山石，看起来颇似矶岸之中的一池静水，这就是"月来满地水"的意思，古人还有"月行似踏水"之句，也是同理。因此古园中，常利用月光来创造真真假假的水景，园林营造术语名之以"旱园水做"，寄啸山庄的梅月船厅，便是这种水做。

上海嘉定秋霞圃延绿轩也是旱园水做的佳例，此轩处于山间之尽端，前有一片低地，右边是黄石大假山，左边是园墙。在结构布局时，故意在轩前低地上不置任何景物，仅在园墙根点些山石，植些灌木。每当月华泻照，从轩内望之，山脚下一片银光，恰似岩壁下静卧着的一泓清水。

除了平地赏月之外，古园中观月景的形式颇为多样：有的可隔窗观赏竹木月影移墙，有的可对着名峰美石小酌细品……因观赏地点的高下不同，还有山月和水月之分。赏山月和赏水月各有各的妙处，精通园林艺术的曹雪芹，在《红楼梦》中借黛玉和湘云之口，对此做过很好的描述。

《红楼梦》第七十六回中，贾母领着众多女眷在大观园假山顶上的凸碧堂赏山月听笛声，而湘云偷偷拉着黛玉去水边的凹晶馆看水月，她对黛玉说：

这山上赏月虽好，终不及近水赏月更妙。你知道这山坡底下就是池沿，山坳里近水一个所在就是凹晶馆。可知当日盖这园子时就有学问。这山之高处，就叫凸碧；山之低洼近水处，就叫作凹晶。这"凸""凹"二字，历来用的人最少，如今直用作轩馆之名，更觉新鲜，不落窠臼。可知这两处一上一下，一明一暗，一高一矮，一山一水，竟是特因玩月而设此处。有爱那山高月小的，便往这里来；有爱那皓月清波的，便往那里去。

湘云和黛玉二人爱水月，来到凹晶馆卷棚底下竹墩上坐下，"只见天上一轮皓月，池中一轮水月，上下争辉，如置身于晶宫鲛室之内。微风一过，粼粼然池面皱碧铺纹，真令人神清气净"。曹雪芹这段写月景观赏的绝妙文字，准确地指出了"山高月小"和"皓月清波"为山月与水月的不同景色特点。

今日的古园中，人们也可以找到观山月和赏水月的"组合式"赏月景点。扬州瘦西湖徐园后的梅岭春深（即小金山）

一景，是四面环水的小岛，有月观和风亭一高一矮、一山一水两处赏月点，堪称赏山月、水月的典型。

月观坐西朝东，临湖筑瓦屋三间，明间悬景名匾额，并有一副长联挂于两边：

今月古月，浩魄一轮，把酒问青天，好悟沧桑小劫；
长桥短桥，画栏六曲，移舟泊烟渚，可堪风柳多情。

屋前有廊庑一架，临水有栏杆，槛外疏柳，横卧水际。此处湖面开阔，又正对四桥烟雨各景，是赏水月极好的去处。月观北边沿湖不远处，有一山拔地而起，山麓有一道垣门，门额上题"梅岭春深"四字。门内有山径蜿蜒而上，拾级登山，可见一空亭，题曰"风亭"，是清著名学者阮元手书，此处为全园最高点，可以南望古城，北眺蜀岗，西顾五亭桥，东看四桥烟雨诸景。亭亦悬有一联："风月无边，到此胸怀何似；亭台依旧，羡他烟水全收。"倘若在皓月当空之夜，来此亭中，月白风清，四周佳景于一片银光中隐约于眼前，则比起水边赏月，更多一番情趣。

有意境，自成名园

"奴役风月，左右游人"是园林大师陈从周评判佳园的标准。前文列举的一些古园名景，也均是"以虚带实，虚实并举"，突出了"风月"在意境创作中的重要作用。近代国学大师王国维在《人间词话》起首就开宗明义指出了境界（即意境）的重要性："词以境界为最上。有境界则自成高格，自有名句。"这一论断也完全适用于园林，而且在艺术创作中表现得十分完美。有了意境，园林便"自成高格，自有名景"。古来名园胜景，无不如此，因此，在美学界，人们对于中国古典园林所创造的意境美给予了很高的评价，认为中国园林在美学上的最大特点是重视意境的创造，如美学家叶朗在《中国美学史大纲》中就指出："中国古典美学的意境说，在园林艺术，园林美学中得到了独特的体现。在一定意义上可以说，'意境'的内涵，在园林艺术中的显现，比较在其他艺术门类中的显现，要更为清晰，从而也更易把握。"

明代文人王世贞亦有园林之癖，他在家乡太仓构筑弇（音演）山园，为当时一代名园。王曾为自己钟爱的园林作记八篇，详细记述园内胜景。其中首篇说这座花园有六宜："宜花：花高下点缀如错绣，游者过焉，芬色殢眼鼻而不忍去；宜月：可泛可陟，月所被，石若益而古，水若益而秀，恍然若憩广寒清虚府；宜雪：登高而望，万堞千甍，与园之峰树，高下凹凸皆瑶玉，目境为醒；宜雨：蒙蒙霏霏，浓淡深浅，各极其致，縠波自文，儵鱼飞跃；宜风：碧篁白杨，琼玎成韵，使人忘倦；宜暑：灌木崇轩，不见畏日，轻凉四袭，逗勿肯去。此吾园之胜也。"这里写的园中风花雪月雨暑等美景的享受，体现了园主人奴役风月的得心应手、对园林景物的一往情深。

闻一多先生曾说过："一切艺术应以自然作为原料，而参以人工，一以修饰自然的粗率，二以渗渍人性，使之更接近于吾人，然而易于把捉而契合之。"（《〈冬夜〉评论》）园林是以山石花木等自然之物组合而成的，然而人们却常说它富有诗情画意。这诗情画意的艺术意味，便是掺和进园林景色之中的人性，只有这样，人们在游赏时才会感到景色宜人，才会和风景进行情感上的交流。我们游览园林，所看到的小桥流水、山峦亭台和纯自然的山水风光在观感上多少有点不同，就是因为在园林风景形象的布置和安排中，在游览路线的组织中，艺术家把自己的审美情趣和思想同多样的景色糅合在一起，使游人在赏景时能去发掘这些内含的意味而加深对园林意境的理解。有些园景使我们感到端庄华丽，有些又是那样的舒适恬静，还有些使我们感到清冷而有禅意。景物虽相似，但趣味不同，这正是注入景中之情的不同而引起的差异。可以说，凡好的园林，从大的结构布局到每一个景致，都融进了作者的审美追求，饱蘸着作者的思想感情，灌注了他对自然美和生活美的真切感受和认识。

王国维先生还指出，艺术作品应该是意与境的统一，"上焉者意与境浑，其次或以境胜，或以意胜，苟缺其一，不足以言文学。"对于园林，亦是如此，如果园林只有境而无意，只有景而无情，那么它只能是树木花草、山石水体等物质原料的堆砌，至多是无生命的形式构图，不能算是真正的艺术。只有在造景的同时进行意境设计，使客观的风景形象和园林设计者的情趣思想相结合，才能使景色现出生动的气韵，从而达到"形""神"的统一。譬如我们进入布置精细、品种繁多的花圃或盆景市场，虽然五彩缤纷、形色俱全，但充其量是一种机械的陈列，不存在什么主题和意境，不能予人以强烈的艺术感受。这正如清代画家方薰所说的："作画必先立意以定位置，意奇则奇，意高则高，意远则远，意深则深，意古则古，庸则庸，俗则俗矣。"（《山静居画论》）园林境界的高下雅俗主要也是由造园家创作时意趣的高低所决定的。

就拿苏州的几座古典园林来说吧，同样是荷池曲桥、假山石峰，怡园的就没有拙政园的可人有味；狮子林大假山上石峰林立，却不如留园石林小院的几座小峰顾盼有意。其中之奥妙，主要还在于意境创作的高下。园林如果只是单纯地追求景多景全，标新立异，而不注重"意"的镕铸，其景物必然不能很好地引动观赏者的情思意蕴，其形象也必然乏味。所以不管是园林的山水造景、亭榭设计，还是花木栽植、楹联题对，均要着重情感的诉说，这就是刘熙载所说的"寓情于景而情愈深"。

意境虽然包括景和情两部分，但是我们在欣赏体味时是不能机械地将它们割裂开来的。园林中的"景"或者"境"不是纯客观的山水林泉景象，而是经过艺术家选择、提炼又重新组合加工而成的典型形象。"意"和"情"也不是造园家纯主观的意念，而是艺术家以自己的才能、学识、教养以及对山水风景的游赏经验，在园林创作过程中，所产生的一种合乎艺术本质特征的激情和理念的外露。有些园林创作，在拼凑山水亭台之后再到唐诗宋词中去觅寻一些字句作为题对，就算有了意境，也着实有点可笑，这种贴标签式的所谓景加情并不是真正的意境。正像王夫之说的："情景名为二，而实不可离。神于诗者，妙合无垠。"（《姜斋诗话》）所以意境并不等于意和境的简单相加，而是主观和客观、景象与情感有机的融化和合成。只有这样，才能在创作或欣赏过程中达到"山性即我性，山情即我情，水性即我性，水情即我情"的物我两忘的交融境界。

对于我国造园艺术家赋予自然景色的情感理念，不少西方学者早就有所评说，特别对他们广博的知识和高水平的思想境界十分佩服。18世纪曾到过中国的英国宫廷建筑师钱伯斯曾这样说道：

布置中国式花园的艺术是极其困难的，对于智能平平的人来说几乎是完全办不到的。因为虽然这些规则好像很简单，自然地合乎人的天性，但它的实践要求天才、鉴赏力和经验，要求很强的想象力和对人类心灵的全面知识；这些方法不遵循任何一种固定的法则，而是随着创造性的作品中每一种不同的布局而有不同的变化。因此，中国的造园家不是花儿匠，而是画家和哲学家。（陈志华：《中国造园艺术在欧洲的影响》）

外国人能这样来评价中国造园家，是难能可贵的。的确，我国古代造园家大多有较高的文化素养，知丹青，识诗文，有丰富的游历经验。这些对于园林艺术的意境创作，均是不可缺少的。

图6-1 苏州拙政园松风水阁周边的院落空间 视觉中国供图

第六章

空时交辉的艺术

　　人们要欣赏园林美景，最起码要通过园门，进入艺术作品的内部进行观赏。要是像南宋诗人叶绍翁在《游园不值》中写的那样："春色满园关不住，一枝红杏出墙来"，只能凭墙头探出的一枝红杏来想象园内的美景，多少有些遗憾。所以在园林美景组成的空间中徜徉是鉴赏园林的首要条件。园林之中，一切美丽的景物——峰峦溪泉、繁花绿树等，共同组成了独特的欣赏环境。在这一环境中，游人和风景之间（也就是审美主体和客体之间），存在着三向度的空间关系，这是园林风景真实感人的主要原因。而游园赏景的"游"，又表明了人们是处于"动"的状态中，所以赏景离不开时间，是连续风景空间在时间上的展现，哪怕是亭中小坐、池边观鱼，也如同乐曲中的休止符一样，是动态中的暂时停顿。因此，品赏园林艺术，是空间美和时间美相互交织的过程，两者你中有我，我中有你，相辅相成，交相辉映。而了解一些看上去有些专业的空间和时间的知识，对深入领略园林美是大有裨益的。

空间美的魅力

在造型艺术园地里，映写山水风景美的手段是很多的。除了园林，还有各种类型的风景图画、风光摄影或电影等。当然，为了体现风景画面的真实性，它们也努力描绘和表现空间，寻求加强空间感的方法，如绘画的透视法，能按照人眼视物的规律精确地模拟空间；摄影能逼真地记录下某一风景的空间状态。但是，一幅画画得再真实，一张照片拍得再传神，也只是某一真实风景空间的平面表现。虽然有时它能迷惑人们的视觉，但永远也不能创造出把观赏者包容进去的真实风景。即使是最先进的全景风光电影，在视角 360° 范围之内都有画面，运用现代摄像技巧拍摄，但它也只是单一作用于人们视觉的银幕影像，人们感觉不到微风的吹拂，闻不到春天的气息，不能抚摸山岩石峰，不能随手采集野花……总之，任何其他艺术再现的风景美，都不能创造园林艺术所特有的空间真实性。

在空间欣赏环境中，人们可以打破对风景形象的单纯视觉欣赏，调动身体的其他感觉器官如听觉、触觉、嗅觉，甚至味觉去感受，也就是用整个身心去感受风景的美。

杭州西湖风景中，有一处很别致的文人集会的公共园林，这就是孤山上的西泠印社。这座小园依山面湖，景色十分秀丽。沿一条苔藓苍苍、松柏掩映的小径拾级而上，可到山顶的四照阁。这里视线开阔，四面可赏西湖风景，是游西湖必去之地。阁内柱上，挂着一副饶有风趣的对联："面面有情，环水抱山山抱水；心心相印，因人传地地传人"，很巧妙地点出了西泠自然山水景和历史人文景的结合。因为这一特殊的观赏空间景多景全，所以引来历代骚人墨客的赞美。清人厉鹗，以其对园林风景的一往情深，曾很有见地地指出，在这里赏景，可以得到眼、耳、鼻、舌、身所有感官的享受。在《秋日游四照亭记》中，诗人写道：

献于目也，翠潋澄鲜，山含凉烟。
献于耳也，离蝉碎蛩，咽咽喁喁。
献于鼻也，桂气暗蔓，尘销禅在。
献于体也，竹阴侵肌，病瘅以夷。
献于心也，金明萦情，天肃析酲。

　　多么美好的一幅秋日图景。但是诗人的观赏，并不单单局限于视觉，除了潋滟的湖水、苍翠的林木和烟云缭绕的青山之外，他还听到秋虫鸣叫高低不同的合奏，他还感到了桂花的香气能去掉身上的俗气，萌发禅心。还有在竹荫下小憩，则浑身感到舒适，可以消除肌体的疲劳酸痛。这许多感觉汇合起来，就会觉得整个身心沉浸在天朗气清的美景中，从而忘却醉后的疲乏……

在造园的过程中，创造一个使游赏者五官综合感受风景美的环境是至关重要的。可以说，园林艺术的迷人意境，在很大程度上依赖于这种全身心的"通感"欣赏。在《园冶》中，作者也强调了五官对园林空间的协同感受，除了山水亭台可观望的景色之外，听声的有"松寮隐僻，送涛声而郁郁""隔林鸠唤雨，断岸马嘶风"，还有雨打芭蕉之声"似杂鲛人之泣"；闻香的有"遥遥十里荷风，递香幽室""扫径护兰芽，分香幽室"；五官和身体综合感觉的有"俯流玩月，坐石品泉""苎衣不耐凉新，池荷香绾"；还有对着美景品茗和"把酒临风"等以味觉来加深对园景的感受，如"凉亭浮白（大杯饮酒），冰调竹树风生；暖阁偎红，雪煮炉铛涛沸"等。如此多种的风景美信息协同作用于游赏者的感官，形成了真正的欣赏过程中的联通感受——通感。

风景欣赏的通感和文学作品或绘画欣赏时以审美联觉为主的"通感"是完全不同的。我们在读一篇记景文或看一幅风景画时常常会由视觉的感受刺激而生发出听觉、嗅觉甚至味觉的感受，这种联觉主要取决于欣赏者的生活经验。唐诗人白居易写过一首《画竹歌》，里边有这样几句："婵娟不失筠粉态，萧飒尽得风烟情。举头忽看不似画，低耳静听疑有声。"写出了看一幅风竹而似乎听到了竹林萧萧之声的通感联觉。要是我们在园林中欣赏过风吹竹篁而发出的碎玉倾泻似的声音美，那么对此就有深刻的体会，而从未见过竹子的人是不会理解诗人所写的情景的。由此可见，对诗画的通感欣赏必须依靠现实赏景中五官协同欣赏的经验。经常游园赏景的人要比足不出户的人有更高的鉴赏力，其原因也在于此。

在园林的欣赏空间中，风景中各种美的信息均可以作用于我们的感官。那天光云影、溪水叮咚、兰馥桂香、虫鸣鸟语等灵活多变的景物都可以为游赏者感受到，大大增加赏景的趣味，然而这仅仅是空间魅力的一个方面。在空间环境中，单一的景物也会表现出多种形态的美来，这是园林审美的又一特点。

苏州网师园荷花池北有一座看松读画轩，是环池四大主景之一。这景中的"松"是位于曲桥边山石上的三株古木——白皮松、罗汉松和古柏，它们姿态各异，有的主干夭矫，有的松根盘桓，有的探出长枝，拂向后面的三间轩屋。它们各以不同的姿态和鲜明的形象映入游人的眼帘。

然而，当游人走近它们时，三种不同的枝干会使人情不自禁地伸出手去抚摸：白皮松树干上白一块绿一块的树皮比较光滑；罗汉松树干上裹着鳞片状老皮；古柏虽然一半裸露出粗糙的木质，然而柏枝依然翠绿。这时，借助于触觉，人们能感受到三株古木树干在质地纹理上的多样对比。偶尔阵风吹来，发出一阵"泼剌剌"的涛响声，那么它们又成了悦耳的天籁之声的媒介。当游人闻着淡淡的松香，看着地上松枝乱舞投下的影子，这三株古木的美就大大超出了远处观望时所得到的单一视觉享受了。

这就是园林风景所呈现出的空间美的魅力。要是山石建筑等实的景物，密密匝匝塞满整座园林，也就无法像厉鹗那样用全部感官来体味园林美的妙处了。

明末园林鉴赏家张岱颇具慧眼，评园每每切中时弊。他在《陶庵梦忆》中记江南山林小园"巘花阁"的小文，是论园林虚实空灵的独到之作：

　　巘花阁，在筠芝亭松峡下，层崖古木，高出林皋，秋有红叶，坡下支壑回涡，石蹲棱棱，与水相距。阁不槛、不牖，地不楼、不台，意正不尽也。五雪叔归自广陵，一肚皮园亭，于此小试。台之，亭之，廊之，栈道之。照面楼之侧，又堂之，阁之，梅花缠折旋之。未免伤板，伤实，伤排挤，意反局蹐，若石窟书砚。

本来是一座很有艺术价值的小园，空间疏而不密，开阔朗畅，与周围山石、溪流和花木互相映带，淡远有不尽之意。而这位自扬州来的五雪叔，虽有一肚皮园亭，但不通造园之法，结果大兴土木，造了许多亭台楼阁，将小园填得满满的，人居其中，不见泉石林木，若处石窟，毫无趣味。可见处理好虚实关系，使景色空灵有味，是我国古代造园所必须遵循的基本法则。

"有""无"的协调统一

我国古代哲学家老子的《道德经》中，有一段关于虚实有无的论说："埏埴以为器，当其无，有器之用；凿户牖以为室，当其无，有室之用。故有之以为利，无之以为用。"人们制造器皿，建造房屋，都是为了使用它们中间的"无"，但这个"无"是不能单独存在的，必须通过四周的"有"才能得到。同样，园林艺术也是由"有"和"无"组合而成的：构园景物是"有"，或者称为"实"，而容纳游人并使他们顺利进行观赏活动的空间便是"无"，或称"虚"。只有实体景物和风景空间协调统一，园林艺术才能现出虚实相济的美妙境界。

由于我国古代士人中间普遍存在着对自然山水美的崇尚、对风景欣赏的偏爱，所以人们对空间的理解要比西方人随意、自由得多。人们对空间的理解并不限于四周统统被围闭的室内，而是走向大自然，从客观外在的宏观世界来把握空间。古代学者所指的空间常常是渺无边际、不可触及的"太玄"。所谓"四方上下谓之宇"（《淮南子·齐俗训》）；"精充天地而不竭，神覆宇宙而无望，莫知其始，莫知其终，莫知其门，莫知其端，莫知其源。其大无外，其小无内。"（《吕氏春秋·下贤》）在这里，空间的含义已远远超越了一般室内空间的范围而扩展到整个自然中去了。

另一方面，他们又在很窄小的范围之内艺术化地进行空间的创造：古典园林书斋边的几竿翠竹、小院中的几座石峰都构成了很简朴淡雅的小空间。继而再小到放置几案上的山水盆景和砚石雅玩，如宋代大书画家米芾的"宝晋斋砚山"、苏轼的"湖上仇池"等。贡玩石景虽小，但均有很复杂的可供细赏的微小空间，甚至如同茶壶那样小的空间也可容纳大千世界的美景。为古人常用的"壶中天地""壶中九华"的典故，很清楚地说明了他们对小空间的理解能力。这种灵活、辩证的空间观念很自然地影响了对园林风景的审美欣赏。无论是登高远眺、极目天际，还是倚栏小憩、槛前细玩，凡视线所触及的广远天地、山林泉壑、星空云霞，或者近处的寸草片石、荷花游鱼，都可以构成大小不同的游赏空间。所谓"仰观宇宙之大，俯察品类之盛"，空间就在这俯仰之间形成。"目送归鸿，手挥五弦。俯仰自得，游心太玄。"嵇康的这首四言诗可看作是古人对自然风景空间的解释，在他俯仰自得、目光随着飞鸟远去之时，心绪就游历了巨大的空间，广阔的宇宙就成了游目骋怀的审美天地。同样，陶渊明的"采菊东篱下，悠然见南山"所乐道的也是对室外山水空间的微妙感受，在篱落围成的小小空间中，不期而至地发现了以悠悠南山为界限的大的欣赏空间。

这种风景欣赏中任意流动和收放的空间意识，是园林艺术创作中"借景"原则的主要理论基础。《园冶》中所说的："得景则无拘远近，晴峦耸秀，绀宇凌空；极目所至，俗则屏之，嘉则收之，不分町畽，尽为烟景"的借景原则，便是对这一空间观念的活用。

在留至今日的名园中，反映这一自然灵活空间思想的风景是很多的。例如著名的杭州西湖十景中的三潭印月，就其最基本的风景来说，仅仅是湖面上三座很小巧的、中空的石塔。如果不用空间引伸借景的办法，这三座孤零零的石灯塔所规定的湖面上三角形小空间并没有很大的观赏价值。古代艺术家在游赏此景时绝不会孤立地去看这三塔，而是很自然地将这一小空间扩展开去，将它们和小瀛洲岛上的堤柳、精巧的石牌坊、对岸的苏堤桥影联系起来，从而将三角形的小水面扩成一个较大的欣赏空间。如逢晴爽秋夜，皓月当空，塔中又点上灯烛，那月灯齐映水中，真假难分，清风徐来，微波轻起，展现出万千气象，实在令人心醉。

可以说，我国古代的文人艺术家，在大自然明媚风光的陶冶中，在他们的静思默想中，培养了较高的对自由多变空间的欣赏和理解能力。这对于我国古典园林艺术水平的提高、空间处理技法的成熟，帮助是相当大的。

流动灵活、自由多变的风景空间，是古典园林含蓄、曲

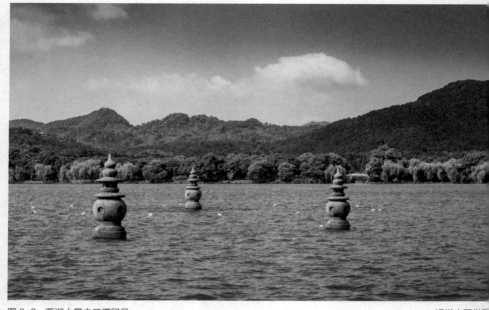

图6-2　西湖十景之三潭印月　　　　　　　　　　　　　　　　　　视觉中国供图

折、有韵味的不可缺少的条件。游赏古园，在穿廊渡桥、山穷水尽之时，常常会出乎意料地发现新的景致，令人感到趣味无穷。这主要归功于造园家对流通空间塑造的重视，以及规划布局上多样的处理手法。具体来说，就是又隔又连，围而不隔，隔而不断。

　　北京故宫的乾隆花园，占用了宁寿宫西侧的一块狭长地带，南北长达160余米，东西仅宽37米，要是不进行分隔，这一长条空间便犹如一条夹弄。造园家在布局时因地制宜地将它隔成四个各有特色的风景空间，每块都有自己的主题景致，彼此又互相流通。游人循径而去，感到空间时放时收，有曲有直，完全不觉其狭小。

步入衍祺门，绕过作为障景的小假山，可以看到第一进的主建筑古华轩坐落在正北。轩屋开敞空透，古朴淡雅。东侧是一座湖石假山，山色润而青，上有赏景平台。东南角利用抑斋和廊亭又围隔出另一个小院，廊曲路回，别有雅趣，当年乾隆归政后曾把这小院作为读书休息之处。

古华轩后，穿过垂花门，是一个左右对称、较为封闭的院落，这是花园的第二进。从垂花门两侧有游廊可通东西配房，中间为正厅遂初堂。此庭院素净雅洁，仅院中立几块湖石，恰如遂初堂额匾上写的"素养陶情"，是怡情养性的好地方。

遂初堂后是一带曲折长廊，穿堂依廊北望，满院山林气象。耸秀亭高居于假山之巅，其下山石嶙峋，洞壑幽深，磴道盘旋，组成了一幅深藏于深宫中的山林野趣图。三友轩位于东南山坳中，四周松竹青葱，其造型也很多姿，西端为歇山式顶，而东边为与乐寿堂相接，改作悬山，望之颇灵巧新颖。循廊折向西北，有延趣楼。再北，可到此院主建筑萃赏楼。

萃赏楼之北，檐廊上有飞桥可达最后一进院落中假山之巅的碧螺亭。亭平面呈梅花形，五柱五脊顶着两层翠蓝色的攒尖顶，上安一只白色冰梅宝顶，娟美无比。假山为东西长条形，山对面便是整座花园中最大最华美的主建筑——符望阁，在周围环顾的矮小建筑和山石的簇拥下，这座三层的方形楼阁显得甚为雄伟。

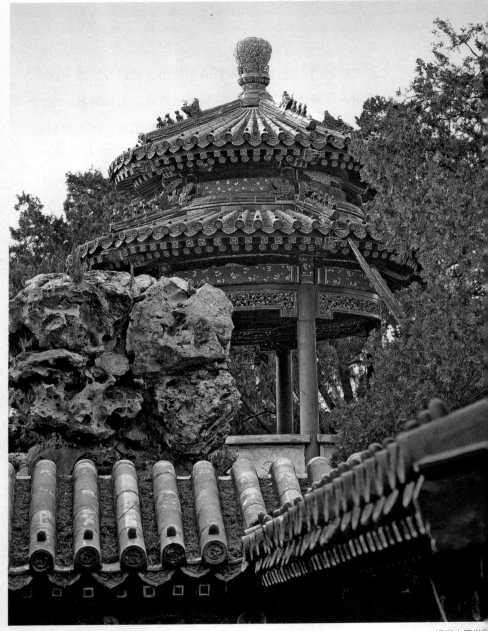

图 6-3　北京故宫乾隆花园碧螺亭

这一组花园的空间分隔，主要依赖建筑和假山，通过位于交界线上的空透建筑和游廊的指引，游人能很自然地循序漫步游赏。楼台、庭院与山景的交替变化，使园景有实有虚，层出不穷，乾隆花园由此成为故宫这座以建筑美为主要特征的国宝之中很难得的一处园林佳地。

园林空间显然要比建筑空间灵活、复杂得多，常常是变化多端、分割随意、互相流通的，但要将局部的观赏空间从大的自然空间中划分出来，总是需要某些景物作为其空间的边界。边界规定了园林空间的大小、高低和阻畅等艺术特性。如一些假山的曲洞，四周都是垒石，不时从岩洞上方或侧面的天窗中射入几丝光线，这一空间的边界特点就是封闭，给游人一种坚实而压抑的观感。

庭院深深

"庭院深深深几许"，这一名句常常被借来描绘园林风景空间的无尽无端。的确，古典园林的庭院分隔十分自由，它并不像我国古建筑院落那样有明确的中轴线，而是随意地应用游廊、花墙和各种形式的园林建筑，在联络中来划分庭院。在某些古园中，这种变幻多样的大小观赏空间集聚在一起，形成了很有特色的风景主题。

苏州留园东部从曲谿楼开始直到林泉耆硕之馆，全为大小不同、景色各异的建筑庭院空间。它们有时串联，有时并

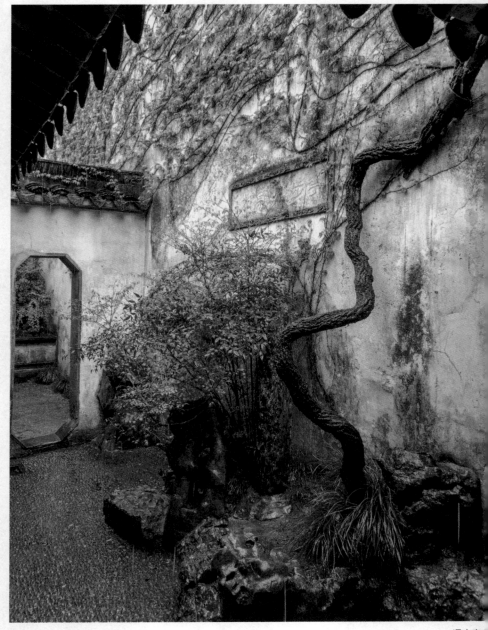

图 6-4　苏州留园华步小筑

冯方宇 摄

列，有时相套，极尽变化之能事，使游人宛如置身于庭院小景的万花筒中。有时，人们穿越了一个又一个的小院，又会出其不意地回到原来的地方，给游览平添了许多乐趣。这些小的院落各有主题，划分是明确的，然而它们的连接又极为自然，人们常常在穿廊过门的举足转身之间，不经意地从一个空间进入到另一个空间。

在留园的这些庭院中，石林小院的构思最为精妙。这里原是两间书斋，其空间设计按照"安静闲适，深邃无尽"的立意来构思，是江南园林中"小中见大，曲有奥思"的佳例。要在小范围内创造出安静、深邃的气氛，最有效的办法是使之既曲又藏。整个小院建筑无多，仅一轩（揖峰轩）、一亭（石林小室）、一所（鹤所），而以曲廊盘桓相连，并利用建筑、花墙和游廊之间的隙地，少许点缀景物，形成小院。例如，从五峰仙馆到揖峰轩近在咫尺，但小径要曲折五次；从小轩到对面的石林小室只六七米，游廊也要回环四五次。这一区域长仅 29 米，宽只 17 米，却包容了八个形状、大小均不同的天井和角院。它们环环相扣，又分又连，变化多端，是古园中密集型小巧空透空间院落的典型。

这种灵巧空透、隔而不断的庭院小景，在古园中是屡见不鲜的，如上海松江醉白池是清初画家顾大申的花园，因仰慕白居易晚年饮酒咏诗、悠闲自得的生活而筑。游人自入园门到主景区醉白池一区，也要经过数座庭院，步过多处洞门。

位于成都浣花溪畔的杜甫草堂，是以老杜故居改筑的祠堂园林。其占地虽较一般宅园要大，但也用游廊、花墙及堂屋建筑将花园分成诗史堂、工部祠两个正规庭院和草堂寺、少陵碑亭、梅苑及花径等数个自由的风景小区。

"菰蒲深处疑无地，忽有人家笑语声。"建筑、游廊之外，围隔景区也常使用假山及高大林木，这种处理更富有自然气息。古园中常用的于进门处设山石障景的做法，实际上也是为了使游人在进入大的山水景区之前，先经过一个小的前导空间。《红楼梦》第十七回写贾政、宝玉一行首次游大观园品题景名，一进门只见一带翠嶂挡立面前。贾政认为这是大手笔，并评论说："非此一山，一进来园中所有之景悉入目中，则有何趣。"一目了然的风景不含蓄，不空灵，没有韵味，不符合我们民族的审美情趣，当然要被园林艺术所扬弃了。

还有不少园林风景空间边界的划分并不完全依赖于景物实体，景物仅仅分隔其一部分，甚至只是含蓄地做些暗示，而需发挥游人赏景时的想象力。也就是说，这种空间边界的完成要加入人们的感知和理解力，可以说这种边界是主观和客观共同完成的，例如苏州虎丘的千人石，就有一种独特的空间边界。经过头山门、二山门，沿一条夹在山中的石板通道走到尽头，就是千人石。它实际上是一块高出地面不足一米的巨大黄石平台（这是古代采石留下的遗迹）。这里左边

6-5　苏州留园石林小院 　　　　　　　　　　　　　　　　　　　　　　冯方宇 摄

6-6　苏州虎丘剑池 　　　　　　　　　　　　　　　　　　　　　　视觉中国供图

是悬崖绝壁，前横一堵墙垣，上开一拱门，是通往剑池的必经之路，右边较为开阔，一直可伸展到远处的山坡和小亭，并不具有很完备的空间边界。但是每当游人在巨石上休息时，在高出地面的范围之内，多少会产生一种独立的空间感受，特别是联想起当年高僧在这里讲经，坐在石上的众僧听得忘乎所以，连顽石也频频地点头时，这种感受就更深刻了。这里高差、形状、石面质地都是使人产生空间边界感觉的一种暗示，甚至故事传说也成了催化剂。但是最后边界的完善是由游人根据景观条件主观创造完成的。

边界之外，园林游赏空间还要有一些主要的景致作为空间的主题。人们游园，为什么有时会自动地停下来细赏，有时则匆匆走过，关键就在于所在的游赏空间的主题不一样。一般说来，园景的一般或突出、精练或繁杂、对游人感染力的强弱，常取决于空间主题的好坏。一般的山水草木只能组成平淡的没有特色的空间环境，它不能吸引人们驻足细赏。只有那些特征鲜明、有个性的山石溪泉、古树名木或亭台建筑，才会增强山水游赏空间的感染力。

主题景致的大小和所在观赏空间的围闭程度，以及纵深范围要互相呼应。一些以高大的假山和楼观建筑为主题的空间，一般不宜用高墙将它们团团围住，而可以用矮墙曲廊或者散点山石、自然水面稍示分隔。如承德避暑山庄的小金山，是湖中一半岛。参差的假山上，立着层层递进的一座楼阁，四周没有别的高大景物将它同其他景区分开，实际上环绕四周的水体就起到了空间边界的作用，这就使这一欣赏空间较为开敞。

而一些以小的景致为主题的景区，因为主题尺度小，边界过于通透就会削弱主题的感染力，就要用建筑、植物做较封闭的分隔。例如杭州西湖风景中的花港观鱼、曲院风荷两景，主题是荷花和金鲤鱼，所以就在湖滨单独划出院落。只有在曲院之中静赏，游人才会发现"小荷才露尖尖角，早有蜻蜓立上头"的细小动态美。也只有砌石为港，形成小的鱼乐天地，围观的游人才更有乐趣。

另外像江南园林常见的庭院主题：一座石峰、几竿青竹，或者几块奇石下种着一栏芍药花等小景，要是放到大的观赏空间中，使之混杂于山水之中，就不大会引起游人的注意。但用白墙将它们稍加围闭，这些景色的美就会焕发出来。在白墙的衬托下，这些小主题的轮廓更加清晰，色彩更加明亮。苏州留园东部鹤所与揖峰轩之间的"方丈"小院中，只有一块湖石和一株芭蕉，主题十分简单。但不管是在所内隔花墙观赏，还是在对面小亭静品，碧绿的大片蕉叶舒展着，与如朵云翻滚的灰白色石峰相辉映，其色、其形比画出的蕉石图更要美几分。在这些小空间中，主题因边界而其美越彰。

园林风景空间的变化和流转，又导致了边界和主题有可能互相转换。这一观赏空间的主题很可能是另一空间的边界，

图 6-7　苏州留园的竹子

冯方宇 摄

小的风景空间的边界又是周围大的游赏空间的主题，这种互相转换的关系是园林风景空间美多样变幻的重要原因。如上海豫园黄石大假山，是园中创造山林泉壑野趣之景的最重要主题，不管是从仰山堂隔水相望，还是在"渐入佳景"曲廊中漫步，它都是豫园西部游赏空间的主题。然而当游人来到深隐在大假山北麓的萃秀堂，但见黄石峭壁平地拔起，这时它既成了厅堂的对景，又是这一尽端风景小空间的前部边界。

流连忘返的深意

欣赏园林，和欣赏文学、绘画、音乐等艺术不同，欣赏者处于运动的状态。不论是较快的走马观花，还是边看边坐的精心细赏，整个游赏过程都是一个随时间运动的过程。德国古典哲学家黑格尔说："运动的本质是成为空间与时间的直接统一。"所以园林艺术的运动观赏给它的空间艺术结构注入了时间的因素。从时间和运动的角度看，以空间形式存在的园林风景是一种延续的物质。对游赏者来说，园林艺术就是山水、花木、建筑等构园物质顺时间的客观显现，它的空间结构也转化为时间进程上风景形象的连续和衔接。因此，游赏园林必定受到时间的制约。

我们看画，不管其尺寸多大，一般总是能全面、完整地进行观赏，它表现出的各种美、各种意味都局限于画幅范围之内，是不经过运动便可发现的"直观美"。与之相反，园林艺术创造的是一系列复杂的游览空间，空间主题的多样、风景形象的丰富、视线的阻隔，使游览者不可能一下子观其全貌。要欣赏园林艺术表现的山林泉壑美，必须走出堂奥，一步一步穿廊渡桥，攀假山过曲洞，亲自到艺术内部去观赏。也就是说，游园赏景必定要保证一个基本的时间量。如果园林所创造的游赏空间景色精美，富含意味，能留住观赏者的脚步，使他们能仔细品赏，流连忘返而增加游玩的时间量，那么这座园林便能称之为佳园。

承德避暑山庄占地 564 公顷（5.64 平方千米），园内空间结构高低曲折，变化多样，包括有自然的山岭、湖泊、平原，分布有七十二个景点，蜿蜒起伏的宫墙长达十公里。特别是占全园面积八成以上的山区，沟壑纵横，林木密布，有松云峡、梨树峪、松林峪、榛子峪等山间峡谷，以及四十余座观赏建筑。游赏如此庞大而复杂的园林空间，没有几天的时间是不行的，它所含有的时间量是人人都能觉察到的。为此，游览像避暑山庄、北京颐和园这样的大型园林，或者是位于城郊的风景园林，要根据景区的划分和景点的分布，合宜地安排时间，切不可不顾这些园林空间的基本时间含量，草草一走了事，错过了许多好景致。

我国古代文人对园林风景的游赏，都喜欢慢速度，所谓"一唱三叹，流连忘返"。他们常常将游览和评论、吟诗作对、文学创作结合起来，着重于对风景美的品评细嚼，悟出其中的诗情画意，往往"不兴会神到则不去"。这种静赏细品的审美方式是不考虑时间因素的。例如明人袁宏道一次到杭州就游了一个多月，"湖上栖息一月，与良友相对，一味以观山玩水为课……快活无量。"随着时代的发展，山水风景的欣赏方式也在变化，这种不讲时效的游览显然不能适合今天游园的需要。然而，如果一味追求时间效益和速度，不能保证游赏园林空间的基本时间量，则常常会失漏某些风景的局部、某些具有点睛作用的细小景致，以致游人不能去体会游赏空间的疏密、节奏和韵律变化，从而感受不到园林风景中那些引人入胜的点睛之笔和独特的艺术魅力。

游览园林所需要的时间宽度和欣赏音乐作品所需要的时间宽度并不完全一样。听音乐是被动的。从乐曲开始到结束这个时间宽度是恒定的，任何一个乐队演奏乐曲，都必须按照作曲家的规定。而游赏园林是主动的，欣赏者可以走走停停，看看坐坐，根据需要、爱好和兴趣将游赏时间进行一定的压缩和延伸，具有一定的灵活性。园林游赏空间的这一特点给艺术的创作带来更多的时间可塑性，造园家在设计空间布局时就要尽力创造更精彩、更有意味的景色，从而引起游人更多的停留细赏，增加园林的欣赏时间。

上海嘉定秋霞圃是一处明代古园，其中桃花潭景区占地不到九亩（6000平方米），要是以一般步行速度沿游路走一圈，有半小时也就够了。但是，人们在它的山水林泉、花间柳下、亭榭小筑中盘桓半日，仍感到游兴未尽。这就是因为这座小园建筑与山水结合巧妙，宜细赏之处较多，令游人观之不尽而流连忘返。

秋霞圃是以山水为观赏主题、建筑为辅的自然风貌园林。全园以水池为中心，绕池一周布置了许多景点，给游览者坐留细赏创造了很好的条件。池南北各置一假山，池南为湖石大假山，积土缀石而成，上有多株古树，疏密有致，身临其境，顿觉园林的山野趣味；池北是黄石假山，所叠石壁宛若自然。黄石山的浑厚与湖山的玲珑，隔水形成很好的对比。像这样平地造园，用隔水叠山分隔空间，增加山林趣味的处理手法，在江南园中是不少见的。园中水池名"桃花潭"，有追慕陶渊明之意，为狭长形，池岸断续，间有水口曲折引出，仿佛泉水自山中流出。在断岸处，贴水架以平桥，题为"涉趣桥"。东南部有一溪流回环，直至湖石假山南麓。造园家在这样的山水结构布局上，巧妙地设置了一些建筑亭台，组织了游览路线，使这小园有环环相套的游赏空间，主题别致耐看，延长了园林空间所含的时间量。

从砖刻门楼入园，是两庭相连的一组小院，意在让游人小憩片刻，在进入大山水空间之前做个准备。从小庭西北门出，一条卵石铺地的曲径沿山脚蜿蜒而去，两边翠竹花树，路边书带草随风摆动，是朴素简洁的起首，也是到达主要游赏空间静心细赏前的缓步动观。

图6-8　上海秋霞圃

　　转过山脚，水池边停着的一条旱船便出现在眼前，进"舟而不游轩"，豁然开朗，四周的青山绿水一一在目，特别是坐在船首北望，黄石假山隔水相时，石壁苍古，藤萝掩映之中古朴的"归云"洞口隐约可见。山顶树丛中，又露出即山亭的倩影，是静赏北山的好地方。往西绕过水池，是从桂轩和池上草堂两组联立的幽雅庭院。院中有名峰三星石，又有数株金桂，是细看石峰变幻丰姿和秋赏三秋桂子的小院。再往北，缓登北山，在即山亭小坐，可见山后延绿轩。由即山亭下，有一山道直达凸出在水中的水榭——扑水亭，这里不仅是俯赏水景的静观点，更是隔水近看南边湖石假山沿池岸峭壁的专门景点。湖石山壁极为玲珑细巧，但又不失苍古自然。为了让游人细看其凹凸变化，便造亭扑出水中。游人至此，自然会被南岸大假山的自然风貌所吸引。

再往东，是园内主要建筑——四面厅"山光潭影"，厅名即景名，在这厅堂前的临水大月台上坐定，对面的假山、小溪、曲桥，东西两边的建筑、花树，近处的清澈池水，全汇集在眼前。游人自然会将刚刚游览过的旱船的凌波、丛桂轩的幽香、即山亭的远眺、扑水亭的湖石壁、延绿轩的清凉等景在脑中组接起来，从而感知到布局章法上建筑、山水的虚实和疏密对比，加深对空间美的理解。

游园赏景是一个积累的过程，像秋霞圃那样沿池的主要赏景点均设有宜留宜坐之处，也是考虑到让游人在经过一段时间的游赏之后能小憩片刻，在脑中对前一段风景空间的观感体会进行整理，从而对整个园林风景结构有一个完整印象。同时，这又加大了欣赏的时间宽度，使艺术在时间特性上表现出动静、快慢的节奏变化。

赏景的时间美

园林艺术的美，是随着时间的推移逐步地展现在游览者面前的。人们来到园中，循径而游，廊引人随，眼前出现的是幅活动图画。每前进一步，欣赏空间中各景物的相对关系就会改变，这些图画的构图和形象就会更替，达到"移步换景"的效果。园林艺术的这一欣赏特点与其他时间艺术（例如音乐）十分相似。音乐形象是流动的，在时间上每一个顷刻、每个音符、每句乐句都在变幻跳跃，组成了动听的乐曲。园林艺术虽然表现为立体的固定风景形象，但在游人看来，它们也是流动的。随着时间的行进，园林欣赏空间中各种美丽的山水林泉、花木建筑，甚至风花雪月、鸟语蝉唱等，都汇合而成活泼、生动、连续的整体。

有了时间的掺入，造园艺术家才有可能对风景空间进行特殊的塑造，才有可能像音乐那样，将各种美的构园景物当作音符，将最基本的欣赏空间单元作为小节或乐句来进行创作，强化赏景过程的时间特性，使整个园林的观赏路线上有启示部、展开部、再现部、高潮和尾声，使风景的不同主题能进行独奏、联奏或者混成交响而形成多声部的大型作品。这样，以空间形式表现出来的园林语汇就获得了时间艺术特有的魅力。人们游园，就会觉得更丰富、更生动、更有趣味。

苏州拙政园是我国园林艺术的瑰宝，早在20世纪60年代，就受到国家的重点保护。它的山水结构虚实相济，分划合理。在游览路线的组织上，也是匠心独运，表现出浓郁的音乐时间特性。

今天园大门在东部，原是归田园旧址，是中华人民共和国成立后重建的。要领略拙政园游览的音乐之美，还是要从中部原来的园门进去。一踏进园门，以拙政园风景美为主题的"乐曲"就奏响了。首先映入眼底的是小小庭院中的一架

图 6-9　苏州拙政园晚翠门

冯方宇 摄

紫藤，藤干古拙苍老，而棚上新枝却是浓绿欲滴。这一明代大画家、文学家文徵明亲手栽植的古藤，是"乐曲"前奏部分的第一小节乐段，它预示着以后丰富而精彩的乐章。小院边上是一条青砖砌铺的便道，通往园中，好像是朴实而平稳的起始段。便道尽头是一座比例协调、制作精细的磨砖小门楼，游人到此，已经隐隐然感受到园内的自然气息，假山、树丛、曲廊等小景已能通过门洞望见，是平稳朴素的前奏结束前的几个重音。

步入这座门楼，"乐曲"就奏出了园林风景的主题。一座苍古的黄石假山挡立面前。由于此山的遮挡，园内的精华之景并不悉呈眼前，然而古拙山石上藤蔓低垂，题刻着"入胜"和"通幽"匾额的抄手游廊从两厢环抱而去，中间踏下几步，一条小径引向山下边的曲洞。这些小景配合得如此得体，使这一园林风景协奏曲的第一乐章有一个含而不露、耐人寻味的起始部。当游人信步随着曲廊游去，"乐曲"奏出了假山和前边水池中水抱石、石衔水的交融旋律，奏出了姿态入画的树石相依的旋律，奏出了主要厅堂远香堂和扑水小筑倚玉轩顾盼相望、屋顶上山花互相对立的建筑美旋律。这时，视线越来越舒展，曲调也越来越优美奔放。当游赏者穿过远香堂雅洁的大厅来到濒临园中主要水面的大月台上赏景时，眼前顿时感到一亮，好像完全置身于图画中：粼粼水波上浮着两座翠岛，山上土石相间，乔木花丛参差，一派山林野趣；东西两边，山水中点缀着亭台，梧竹幽居和别有洞天隔山遥遥相望。恬静、平和、自然的园林抒情曲达到了第一个高潮。

在月台上赏景并稍做休止之后，"乐曲"开始了第二乐章。这是一首在山水林泉之美背景上不断变换主题的变奏曲。要是人们向东一路游去，有枇杷园中金果累累的枇杷，有玲珑馆前堆叠得如云霞翻滚的湖石假山，有嘉实亭空窗外的翠竹新篁，有海棠春坞小院中雅静的花树石峰小景……随着"乐曲"主题在时间上不断展开，这些各有特色的小庭院景色也就连续地呈现在游人面前。这些变换着的主题还常常和庭院外边的大风景空间的山水主题混同合奏，我国古典园林中最著名的对景——枇杷园云墙上的月洞门正好环住水池对面小山上的雪香云蔚亭——不正是大主题和变奏主题之间巧妙的对位与和声吗？

当游人步出海棠春坞小院，沿着紧靠中、东部隔墙的曲廊行进，就到了尽东头的滨水小筑——梧竹幽居。这里对山面水，广栽青竹碧梧，是一个"凤尾森森、龙吟细细"的幽静之处。"乐曲"在这里加入了很华丽的装饰音，这就是小亭面水圆洞门两边挂的楹联，上联是"爽借清风明借月"，下联为"动观流水静观山"，题额是"月到风来"。这些诗意的装点把游人引向更高的境界，不仅道出了粼粼清波、垒块假山的动静对比，还借入了大自然的清风明月，构成了虚

图6-10　苏州拙政园梧竹幽居 视觉中国供图

图6-11　苏州拙政园放眼桥 冯方宇 摄

实相济的迷人意境，不由得令人陶醉！

从梧竹幽居步过一小石桥，折入水中两座小小岛山游览，"乐曲"又进入了一个新的乐章。这里两边皆水，南边隔着水池，柳条间隐约透出刚刚游过的一群小院，好像是上一乐章的变奏主题还在隐隐重复。北边，则是按照自然河岸湖塘布置的田野景色，老树傍岸，枝丫拂水，时有顽石点缀其间，水、石和古木有相依的，有相争的，高低错落，前后参差，是一组新的节奏轻快跳跃的旋律，犹如行进中的小快板。游赏者可以沿着山道拾级登高，去雪香云蔚亭。该亭四周植有不少红梅，点出了"雪香"的主题，而高踞于山巅之上，似乎离天近了，所以又加上"云蔚"。这里是拙政园的最高点，当年在此可以观赏园外娄门一带的城墙，以及西南边的北寺塔，即《园冶》中所谓的"斜飞堞雉""梵音到耳"，所以是借景园外的最佳观赏点。而园内山南山北的不同主题、不同趣味的景色又汇合在脚下，主题变奏多样，多声部的齐鸣交响汇合成了"乐曲"的最高潮。

就拙政园中部这么一段游路，已经包含了前奏、起始、变奏、重奏到高潮的众多音乐语汇。一般说来，只要是佳园，都可以在游览路线的组织上反映出节奏、主题和韵律的变化。如果把一个园林比为一部乐曲，那么，各个景区就是这一乐曲的各个乐章，而各种造园景物材料以及飞鸟虫鱼、光影雨雪等自然美的信息便是谱写乐章的音符。每个乐章可以有不同的主题，可以有不同的变奏，但是不管这些主题如何高低起伏，它们总是和整个园林鲜明的主旋律互相呼应。就拙政园来说，这个主旋律就是大水面中浮着两座小岛所表现出来的雅静、恬淡、明秀的山水风景美。它们和所有景物一起，协同交响，奏出了一曲江南园林抒情的风景协奏曲。

图 7-1　苏州拥翠山庄

视觉中国供[

第七章

别样的艺术原则

我国古典园林"园因景成，景因园异"。其妙处可说是园园不同，所以古人说造园是有法无式——只有总的艺术规律，而无固定的程式。归总起来，古典造园的总则可概括为十二个字，即"顺应自然，重在对比，巧于因借"。凡名园胜景，这十二字诀可以说是无处不在。了解这些，对感悟造园家的匠心、提升赏景时的审美情趣，是大有裨益的。

顺应自然

在古代造园设计的艺术原则中，处于第一位的便是因地制宜、顺应自然。自然界的山水林泉是一个不断变化、充满活力和生气的有机整体，园林创造的风景要做到这一点，就必须顺应自然，因地制宜，按自然山水的规律去布置各类景物，有山靠山，有水依水，充分借取自然景色的美。

峰峦曲折水淙淙，花映蒲篱竹映窗。

最好小亭东北望，青山缺处露秋江。

　　读了清人张映山这首游园小诗，人们面前就会浮现一幅恬静的园林风景画面。这里有高下曲折的山峦，山脚下碧溪流淌，一边篱落下，自然生长的鲜花在日光下分外娇艳，窗前青竹摇曳，而顺着小径登上不远处的小亭，园内的景色就和外边的自然风景连成了一片。通过远处青山的豁口，还能见到天边的一线大江。这首园景诗非常传神地描绘了我国文人园林因地制宜、巧借园外山水、自然闲适的书卷味。在游赏者看来，园林艺术所创造的峰峦曲溪、花木篱落与园外的青山秋江是息息相通的，它们的美互相映衬，完全融合在了一起。

　　"苏州园林甲天下"，凡到苏州，总要到城中各处园中走一走。游历之余，可能会给你留下这么一个印象：好像我国古代的园林都要用高墙围闭起来，与外界隔绝，才能产生较高的艺术境界。这实在是一种误解。城市中喧闹的环境，并不适宜造园，即便要建，也要找一个幽静的场所，要考虑到园林周边的风景环境。一般说来，苏州的一些古典名园，在建造的当时，也都审慎地考虑了借入园外山水风景的可能。如拙政园原是利用郡城东北隅的低洼积水地改造而成的，当年环境非常清幽，且又有古寺巍塔和城墙雉堞可借；留园在阊门外，与虎丘景区的山寺遥遥相望；偏于城南隅的沧浪亭前有清流可依，南边远望又可观赏城外的小丘点点，阡陌田野……只是经过沧海桑田，岁月变迁，当初的优美环境已渐渐改变损坏了。只有很少数城市园林因条件所限而无法利用四周的环境，才不得已用高墙围隔遮挡市肆的喧哗。因此，造园的第一步便是因地制宜地对周围景色进行选择，"嘉则收之，俗则屏之"，让园中景色尽可能地与自然保持协调。

拥翠山庄是苏州城外虎丘风景区中的一座小园。它位于虎丘寺二山门西侧，因着山麓的自然坡度，逐层升高，与真山浑然一体。园门向南，十余级朴素的青石踏步将游人引入翠树掩蔽的简洁门洞，内有小轩三间筑于岗峦上的古木间，深蓬幽奇。轩北不远处，有突起平台，台上建亭名"问泉"，与轩屋和陡峭的山坡互成掎角之势，是引导人们登山的点景小筑。小亭西、北两面，和着真山悬崖的石脉，又堆了一座湖石小山，间植紫薇、白皮松、石榴等花木，令人真假莫辨。一边，园墙隐约于山石花木之中，园内小景和园外自然山林融合在一起，充满着生机和意趣。然后，由自然山石和稍经人工叠砌的磴道盘曲而上，可到小园主建筑灵澜精舍所处的平台。这里已是虎丘山腰，往下看，是一片葱翠的山麓风景；抬头望，则是巍巍古塔。按照自然脉理，人工构筑的小园与大的山水景色互相协调，做到了和谐统一。

与拥翠山庄不同，寄畅园虽然亦处于惠山脚下，却是平地园。它的山景中，有真山，亦有假山，假山中又有土山和石山，但造园家按照自然脉理，因地制宜地置山景，使真山假山浑然一体，气势奔走相连，达到了较高的艺术造诣。

惠山东麓伸出的一支余脉直接寄畅园西壁，并有数点余脉突入园内。于是就依顺着园外真山的脉络走向，掇土筑山。其方法也是仿效自然，以土为主，在一些高阜及关键处点以山石，其走向与真山脉络保持一致，石质石色及纹理也相同，不流露出人工斧凿的痕迹。因而土山虽仅高数米，但游人有置身于真山脚下之感。

然而，园林虽源于自然，更要胜于自然，为了组景，造园家在局部还是对假山进行了艺术加工。如使水池西面大假山中部较高，正好处于园景构图中心，逐渐向东、向南低落下去，山势延绵至花园西北部又重新高起，看上去似乎与惠山相连，而东部小岗正好对着锡山，所以游人常说此山"头迎锡山，尾联惠山"，园内山景自然向园外两座真山伸展开去。

总的看来，寄畅园假山没有"另立山头"，去抢夺真山真水风景之美，而是陪衬了主山、呼应了主山、引渡了主山，使整个惠山景很自然地移植到园林中来。

不少城市园林没有真山可以依托，其理石挑山也要讲究脉理，使山现出自然的野趣。

苏州沧浪亭是一座文人名园，早在一千多年前的北宋就

图 7-2　无锡寄畅园清响月洞　　　　　　　　　　　　　　　　　　　　冯方宇 摄

图 7-3　苏州沧浪亭朴素的大门和石桥　　　　　　　　　　　　　　　　冯方宇 摄

享有盛名。当时，诗人苏舜钦被人陷害，罢官隐居苏州，买下城南一块废地修筑园林，为感慨命运的作弄，他在大假山上筑一小亭，取名"沧浪"，并以此作为园名。诗人当年很欣赏假山景色，他自己作的记中，曾以"一迳抱幽山，居然城市间"来赞美。城中小园的平地堆山何以能成为幽深的城市山林，关键还在于依照真山脉理之法使之自然清新。

这座土石相间的大假山差不多占据了花园前半部的整个游赏区，但并不显得庞大和迫塞。这里没有像其他小园那样，在小范围内又堆山又挖池，而是将重点放在假山的起脚、林木的栽植、磴道的布置上。它以苍古的山石、苍翠的大树和自然盘曲的小道来显示景色的野趣。整个山上建筑无多，仅西部次峰上修了一座石亭——沧浪亭。一路游去，满山参天古树，青竹岚岚，枝影婆娑，非常宁静，充分表现了应用自然山水规律造景的巧妙构思和娴熟技巧。

"山因水活，水随山转。"光有苍古的假山还不够，还需要富有生命力的水，才能给山带来生气，才能活泼地映出山的精妙。沧浪亭的自然还在于造园家能别具匠意地巧借园外之水，为园内风景添色。巧在南边有一条天然河汊——葑溪，于是造园家便一改城市花园用高墙围闭的做法，滨河修了一条贴水长廊。这样便可剪来半幅秋波，使山情水意融合在一起。

滨水游廊为复廊，即由带有各式花窗洞的墙将廊一隔为二。北半廊主赏山景，南半廊则挑出水面专看水色。沿廊还设置了藕香榭、面水轩、观鱼处等临水亭台，作为游廊衔接的转折和收头。这样，借助于敞廊和花窗洞，园内的山林和园外的流水互相呼应，成为古典小园造山借水而焕发生机的典范。游人如在亭中小憩，近处可见质朴的古木山石，透过曲廊，又可窥见河上扁舟，耳畔时闻林木哗哗作响，此时此景，回味亭柱上镌刻的欧阳修与苏舜钦沧浪亭诗的集句联："清风明月本无价，近水远山皆有情"，定会获得极大的赏景美感。

"问渠哪得清如许，为有源头活水来。"沧浪亭所借的葑溪是活水，所以现出一派生机，要是廊前是一潭黑臭的死水，就全无自然可言了。所以《园冶》指出，造园一开始便要"立基先究源头，疏源之去由，察水之来历"。

自然山水中的园林，得到活水比较容易，开渠引流即可。有些将源头组入园中，本身便是一个好景，如晋祠难老泉、避暑山庄热河泉、惠山的天下第二泉等。城市园林，也要疏通水的来去，接入天然河道，不少古园有闸桥、闸亭，就是为控制外河内水之水位平衡而设的。有些城市小园囿于地理条件，实在无法接通地表活水，便要在溪池的最深处打井数口，将园林之水同地下活水相沟通，江南一带地下水位高的地区，常用此法来救活水源，实为理水的好方法。

"好鸟鸣随意，山花落自然。"和堆山理水一样，古园中花草树木及小动物的点缀也要顺应自然。我国园林的花木，虽然也经过人工的莳栽和培植，但绝大多数仍然保持着自然生长的姿态。因此，中国古典园林中看不到西式花园里那种笔直的林荫道、修剪成几何形的树木，以及修剪得规规正正的花台。

其次，古园植物不追求名贵品种，除个别品赏名花的院落外，花木配置也同自然田野中相仿佛。这便是计成说的"梧荫匝地，槐荫当庭；插柳沿堤，栽梅绕屋，结茅竹里……"（《园冶·园说》）。造园家每每注意选取易成活、好管理、姿态雅俭的品种。据《江南园林志》载，清初文人徐日久认为园林植物要有三不蓄："若花木之无长进，若欲人奉承，若高自鼎贵者，俱不蓄。"这样，在他主持建造的园林中，就有一种自然朴实的风貌：

故庭中惟桃李红白，间错垂柳风流，其下则有兰蕙夹竹，红蓼紫葵，堤外夹道长杨，更翼以芦苇，外周菜黍。前有三道菊畦，杂置蓖麻高粱，长如青黛。此法多任自然，不赖人工。

南京瞻园原是明代中山王徐达邸宅之西花园，尽管山水建筑已不是当年之物，但留有古木两株作为历史的见证。其中之一为盘根错节、虬枝屈曲的紫藤，位于南部主建筑妙静堂边小院内，古干与繁花浓叶相对照，使这一小院生机益然。堂前水池东北另有一老枝遒劲，翠叶满首的女贞，配以樱花和红枫，将这一区景色装点得分外古雅。

苏东坡曾这样来评价园中的建筑和花木："台榭如富贵，时至则有。草木似名节，久而后成。"意思是说建筑乃土木之事，有钱便能立即营造，而园林花木却不能速成，需要十几年或数十年的生长，就像人的名节一样，久而见分晓。这和《园冶》说的"雕栋飞楹构易，荫槐挺玉成难"的意思相同。因此为使园景生气和自然，就要留出古木大树，来渲染山野气氛。

"黄茅亭子小楼台，料理溪山煞费才。"建筑是花园中唯一的人工创造之物，如何处理好它与山水林木的关系，表现出自然和生气，确实颇费踌躇，而因地制宜、灵活布置是建筑自然的关键。具体地讲，它必须多曲折、多变化、多开敞。

自然界的山水风景，多数呈现柔和的曲线，山岭峰石的轮廓、溪流池湖的岸边，很少有方正笔直的几何形。园中亭台要与自然相协调，也要"多曲折"。它的布局不讲轴线，可因观赏的方便和赏景的需要灵活自由地散布于花园之中，本应以直线组成的路、桥、廊等，也均因地制宜地变成了曲径、曲桥、曲廊。亭台建筑的踏步、台阶也常用呈自然柔曲外形的山石铺成。屋顶形状，屋角起翘，甚至檐口滴水以及室内梁架等也呈现出一种很协调的弧线。还有那为赏景方便而将栏杆改制成的可坐可靠的低栏——美人靠，几乎全用曲

图 7-4　苏州沧浪亭滨水游廊　　　　　　　　　　　　　　　　　　　　　　冯方宇 摄

图 7-5　南京瞻园岁寒亭前的蜡梅　　　　　　　　　　　　　　　　　　　　视觉中国供图

木制成。这一由"直"至"曲"的转化使建筑与山水风景和谐地融合在了一起。

"多变化",是建筑的随宜多变。为了适应山水地形的高低曲折,园中亭榭立基极为随宜,甚至可以置传统建筑的奇数开间于不顾,变出半间的小筑来。拙政园中部有座小庭院,叫"海棠春坞"。由听雨轩循长廊折北,可到达一处素素静静、小小巧巧的院落,院南一壁粉墙,依壁有些许湖石造景,一色鹅卵石朴素铺地,仅有海棠两株,翠竹一丛,环境非常清幽。正对粉墙有座雅洁的小轩,为了对景的需要,轩两侧各辟一个小天井,内植垂丝海棠、天竹,并点石少许。这样,留给小轩立基的余地就很少,设计师就因地制宜创造出一间半的结构格局,正中有变,使小院景致更为精雅。

"多开敞",是建筑的开敞。古园中虽然建筑数量不少,但为了与外界的自然风景气息相通,它们一般都是开敞通透的。正如古人所说的:"常倚曲栏贪看水,不安四壁怕遮山。"园中亭、榭、廊等为观赏服务的建筑干脆就没有门窗,就连一些日常生活起居功能的厅堂,也设计成"四面厅",四周门窗可根据天气和赏景需要随意拆卸,消除了建筑和外在自然的界限,做到了顺应自然。游人虽然身处室内,也同样能感到山光水色扑面而来,而没有受到房屋围隔的限制。

重在对比

在古代造园布局设计的艺术原则中，表现得比较突出、比较完善的是园林组景的对比和反衬。清代江南文人沈复久居苏州，对造园非常精通，他在《浮生六记》中曾这样来谈园林的布局：

若夫园亭楼阁，套室回廊，叠石成山，栽花取势，又在大中见小，小中见大，虚中有实，实中有虚，或藏或露，或浅或深，不仅在"周""回""曲""折"四字……

这里作者以其敏锐的眼光，道出了园林组景中的各种对比和反衬。

园林景致的对比可以指园内大的景区之间的对比，也可以是一个景区内不同观赏主题的对比。在古园布局结构时，造园家常常采用的动静、虚实、曲直、旷奥、大小、开合、藏露和聚散等艺术词汇，均是对比法则的具体应用。

动与静的对比和交织是园林造景的一大特点。园林结构上的动静对比，首先在于动静游览区的划分。如供人攀登的大假山、曲折的山洞，以及某些起居活动的场所如宴客迎宾的厅堂、临水顾曲的月台等，都带有较多的动态的元素。古代一些较大的园林每每要举行文雅的戏娱活动，如临清流而赋诗的曲水流觞、投矢、射鸭等从军事娱乐活动演变而来的比赛争胜，还有北方帝王园林中冬天的冰嬉，更是属于动的区域。

而置于山背的小筑、留人小憩赏景的亭榭、临水供人小憩或赏月的亭榭、据园一隅的书斋等，又是宜于静观的赏景点。这些建筑的四周，大多设有一些可供仔细品察的景物，如抽象的石峰、古拙的老树等，或者能借景园外，远望自然的山水林泉。在布局时，这些景区很自然地又由曲径、小桥、游廊等串在一起，从而使游园赏景呈现出一种动静交替、节奏明快和舒缓的对比。

动静的对比因园林规模的大小有不同的侧重。一般而言，大园以动观为主，以静观为辅，小园则反之。例如，苏州拙政园面积较大，水面多，因此径缘池转，廊引人随，景点设置比较分散，游人要在缓步的移动中观赏。而网师园占地小，主要景物均环池而设，绕池一周，可坐可留处甚多，或槛前细数游鱼，或亭中待月迎风，则是以静观为主的小园。园林艺术的动静对比，还常常通过风景形象表现出来。假山、平湖、清池、建筑树木一般是静的景致，但在一定条件下又表现出动态。如在天空行云的衬托下，假山石峰似乎也有动感；一池静水，微风吹拂，就会皱波叠纹；山间林木稍有风吹，就会摇动；古建筑的飞檐翘角，本身也具有动感。这些都包含着丰富的动静对比。

虚与实的对比，也是园林造景的一大特点。在园林结构形式上，虚与实常常表现为陆地（假山）为实，水面为虚；有景处为实，留空处为虚；近景为实，远景为虚；呈现在主要游览线上的为实，掩映在树木建筑后的为虚。此外还有明实暗虚、物实影虚、屋实院虚等许多景致的对比，其中主要的是山水虚实的对比。山水是园林风景中虚实矛盾不可分割的一对。我国园林，无一园无山，无一园无水，可见叠山理水是密不可分的。要是基地条件所限，无法在园中组织水景，也要设法借入园外的水（如苏州沧浪亭在滨河的南面不设围墙改建廊亭），或者掘地找泉（如苏州网师园殿春簃的冷泉）。而像北京颐和园中昆明湖那样浩瀚的水面，望之觉得过于虚旷，造园家就在湖中疏密合宜的地点置上龙皇庙岛、凤凰墩、治镜阁等三四个小岛，以实救虚，达到了景观的和谐。

虚实之景还可以从池塘倒影、镜中虚像的对比中得到启发。水边景色的妩媚迷人，常常与实景和水中的倒影分不开。园林中常在一些面对主要景点的亭榭内设置大镜子（如苏州网师园的月到风来亭），也是为了加强对比效果，取得"卷幔山泉入镜中"的风景意境。

曲与直的对比，亦是园林造景的一个特点。园林的曲直对比，主要矛盾在曲。造园理论中的"水必曲、园必隔""不妨偏径，顿置婉转"都是讲园林布局结构必须曲折多变，所以园林中多曲水、曲路、曲廊、曲桥。从观赏性上说，这些"曲"，增加了游览路线的长度，延长了赏景的时间，扩大了园林的空间感。在布局时,游廊曲路两旁常安排不同的主题风景,以便游人随廊游去,视线不时进行小角度的变换,丰富了景观。如苏州拙政园的柳荫曲路一景,东边是波光闪烁的池面和青葱的小岛,西边因廊曲势,设立了一些不完全封闭的小院,形成了开朗和幽曲的对比。

"曲"的另一层含义是使风景曲而藏之,不直接显露出来,这时的曲直对比就成了藏露对比。园林的风景结构中,常将一些重点景致曲而藏之,使游赏者经过一段时间的游赏后,在"山重水复疑无路"的情况下,一转身或一抬头,出其不意地发现"柳暗花明"的风景主题。

大与小是园林造景中一对互相依存的概念。无大便无小,反之也一样。园林要以有限的面积创造无限的空间,大小对比中,矛盾的主要方面是小,可以说园林创作的每一过程都在进行着从小到大的转化,要应用各种艺术手段使小山小水呈现出天然山水林泉的情趣。例如假山不能太高,但要沟壑俱全;池面虽小,仍要表现弥漫深远之貌。

有些私家园林范围虽小,但在布局设计时,往往再度分隔,使景区变得更小,从而强化对比效果。这一艺术原则是基于艺术家对空间大小的辩证理解。小园要是取消了所有遮挡视线的廊、墙和树木假山等,就会变成一块弹丸之地。只有分隔它的空间,丰富它的层次,使之尽曲尽幽,才会使游赏者不能究其尽端之所在而倍觉其大。这就是园林理论家所

图 7-6 苏州拙政园的波形廊　　　　　　　　　　　　　　　冯方宇 摄

图 7-7 苏州网师园引静桥（三步拱桥）　　　　　　　　　　冯方宇 摄

说的"园林越拆越小，越隔越大"的道理。当然，这里的隔不是死隔，而是既隔又留有活眼的流通空间处理手法。它们往往也围着园林中的主题景区（如网师园的荷花池、耦园的黄石假山、拙政园的水池和两岛、狮子林的大假山和水池）而展开，透过各色门洞和漏窗，大的山水空间和恬静的庭院小景互相衬托，互相辉映，为园景添上了迷人的一笔。游人进园观赏，须廊引人随，信步曲径，随着观赏点的移动，穿过一个又一个的风景空间，才能看到更多更全的景致，对园林的整体美才能有一个较为完全的印象。这种"围而不隔"的布局原则，是在有限范围之内创造无限空间美的唯一可行的办法。分隔不仅可以使用墙和建筑，也可以采用大园套小园、大湖环小湖、大岛包小岛等多种形式。如浙江南浔镇嘉业堂藏书楼花园绿水周环，是一座岛式花园，园中又凿池筑岛，形成大岛包小岛的格局，对比形式十分别致。杭州西湖小瀛洲岛上，又开田字形的水面，堪称大湖环小湖的典型。每当站在小湖中十字堤上四望，青山环抱，苏白二堤上桃柳成行，亭台依稀，西子湖水轻轻拍打小岛，眼前则是一平如镜的内湖，几座精巧建筑隐约于绿丛中，给人大小、远近、动静对比的强烈感受。

开与合的对比，究其源来自古代画论，同样适用于园林造景，即聚散对比。园林的开合是指风景形象在面积、体量、颜色等方面的聚和散、均衡和对照。例如堆假山如只合不开，

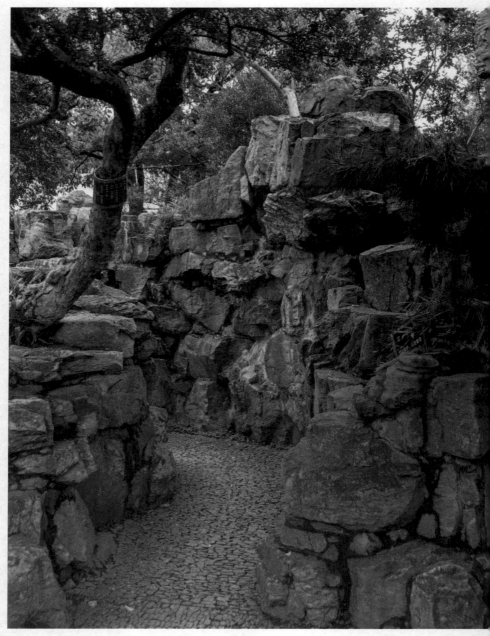

图 7-8 苏州耦园的黄石假山

冯方宇 摄

势必单调如浑然一块；如只开不合，就散而没有主景，显得杂乱。好的假山必定开合得当，如上海豫园黄石大假山，出自明代叠山家张南阳之手，开合聚散安排十分妥帖，主峰突兀高峻，山之余脉、石之散点也顾盼得宜。

园林理水，亦讲究开合聚散。小园水面应以集聚为主，使之有连续宽阔之感。大中园林之水，可适当分散，看上去弥漫连绵，有不尽之意。苏州畅园、网师园水面聚得曲折得宜，而拙政园水面则有聚有散，宛若自然。

好的艺术品，往往将要表达的主题在复杂的矛盾中展开，使各部分互比互衬。园林也一样，常常采用激化矛盾的反衬对比手法，欲放先收，欲畅先阻，欲明先暗，从而在新的基础上（放、畅、明）达到矛盾的统一。江南城市中的私家园林，大部分建于宅旁屋后，入园游赏或者要步过较长的一段便道，或者要通过院落深重的住宅，如同小说的楔子、戏剧的序幕，这一先导也成为对比处理的重点。人们游苏州留园，从便门入，先要穿过一道窄小的廊子，廊壁无窗，光线晦暗，随廊迂回转折，要转七八次弯过几个小天井才到达园内第一景——古木交柯。这里，一边透过对面墙上的漏窗可以隐约看到园中山池风景，一边是石笋新竹掩映古树傲然挺立，幽雅的小庭透出了园林的自然气息。然后西转至绿荫轩，开朗的山池景色才一览无遗地摄入眼底。以进门廊子的暗、塞、幽反衬园景的明快、开敞，对比效果非常强烈，给

图 7-9　苏州留园内的"古木交柯"

冯方宇 摄

游人以深刻的印象。

巧于因借

借景、对景是中国园林应用得最为奇妙的艺术手段，计成在《园冶》中便明确指出："园林巧于因借，精在体宜。"因借的核心是因时因地将局部的欣赏空间延伸出去，以组入更多的景致来为我所用。

"夫借景，林园之最要者也。"这是计成在《园冶》中对我国园林借景艺术原则的强调。在中国古代悠久的风景欣赏传统中，骚人墨客对借景的美学意蕴领会很深。从六朝谢朓的"窗中列远岫，庭际俯乔林"起，通过亭台楼阁等风景建筑的门和窗，去观赏外边广阔天地远山近水的诗篇辞章，一直没有间断过。他们突破了小的建筑或庭院空间的限制，在远岫乔林、风雪云雨中获得了无穷的观感。这正是园林艺术创造意境美不可缺少的条件。

借景能扩大园林的空间观感，把周围环境所具有的自然美多种信息借入园内，同时也通过借景使人工创造或改造的园林融入外在的自然空间中，以增添园林的自然风趣，特别当我们登上园林风景中的高大楼阁向外眺望时，这种感受就特别深。

欣赏风景，人人都喜爱登高远眺，站得高，视野就开阔，提供给人们"借赏"的景色也多。"欲穷千里目，更上一层楼"，唐代诗人王之涣的名句正说明了登高和观赏视野之间的关系。视点越高，看到的东西越多，风景的多样性就越丰富，游人也就越觉得自然风景的可爱和活泼。例如西湖孤山顶上有一亭名叫"西湖天下景"，正因为其高，所以能冠以天下景之美名，这里是登高赏景的好去处，近处西湖周绕，稍远青山四合。而它的楹联更妙："水水山山，处处明明秀秀；晴晴雨雨，时时好好奇奇"，正道出了从高处看湖山风景的多样和变化。再譬如我们攀上玉皇山顶，除了观看一平似镜的西子湖和如带萦回的"之江"，还可欣赏那色彩斑斓而又整齐划一的田野（玉皇山顶有"八卦田"一景，即将山下四周的田地分成八块，种上在同一季中会现出不同色彩的各种庄稼，从上往下看，犹如周易卦象的图案）。那农舍中袅袅上升的炊烟、草地上点点的牛羊、小道上看看停停的游人……这一切进一步增强了风景的多样性，给游人带来丰富而强烈的美感。

徽州园林是江南园林中很有特色的一个分支。古代徽州（即今安徽黄山市一带）山清水秀、风景如画，黄山、齐云山等名山蜿蜒于境内，清澈明丽的新安江从境内流过，造园条件很优越。徽州园林真正做到了"巧于因借，精在体宜"，在布局构思上与周围的自然环境紧密结合，借景于远山近水、竹树萧森的自然风光，使园内景色与外边的山水林泉、田野村舍融合在一起，呈现出一种自然雅朴的风格。

徽州名园檀干园在歙县东北二十余里的唐模村东头，北边耸立着青翠欲滴、姿态入画的黄山余峰，南边是古木参天、横卧若屏的平顶山，这两山一远一近，遥相呼应，成为小园最好的借景。

借入了园外青山，园内就省去了假山，而因地制宜地引来了檀干溪水，再开挖低地，扩充水面，形成了三塘相连、断续延绵的"小西湖"。据记载，从园门入，经过响松亭、环中亭、花香洞天等亭榭建筑，沿溪可达湖边，再向北沿湖堤过"玉带桥"，就到了镜亭。此亭是巧借园外山色的重笔，亭如画舫，静泊在湖面上，亭外是一个石砌平台。依亭远眺，可见两岸青山如拱如围。登上平台，又可见园外的原野小岗。而不在意地收回视线，探视水中，却又看到峰峦林木和蓝天白云的倒影。从实借到虚借，将园外山容树色、天光云影之美尽收无遗。

经过数千年的艺术积累，园林借景也演化出许多形式，主要有远借、近借、邻借、实借、虚借、镜借和应时而借等。檀干园借入远山近岭，又利用溪湖之水镜借，堪称园林借景的大手笔。

要是花园围墙外不远处就有佳景，那么借起来就更方便，所组入的景物也就更清晰，这就是近借。如果说，远借由于田野水汽蒸腾和空气透视而会现出某些若隐若现、飘忽迷离的虚幻感，那么近借之景则有一种明朗和亲近感。

无锡惠山脚下的寄畅园不仅是因地制宜处理山水的佳园，也是古园近借的典型。它地处惠山、锡山之间，向西可直接借入高大绵延的惠山，来增加花园的野趣；而向东南借入锡山的翠岭梵宇，更令观赏者叫绝。

　　"今日锡山姑且置，间间塔影见高标。"乾隆在《寄畅园杂咏》中这样描述园林近借锡山之景。锡山在园之东南，虽然峰岭较矮，但姿态妍好，峰上又有龙光塔、龙光寺等人文景致作点缀，是中心水池锦汇漪东南景致的极好衬托。今日游园，至锦汇漪西北一隅七星桥处，人们每每驻足细赏，流连不肯去。隔水东望，是池东岸知鱼槛和左右廊榭花树组成的秀美空灵、倒影如画的风景，而院墙外，锡山如翠屏般在后面补充着，映衬着。由于距离较近，山顶寺院建筑和塔均历历可观，细处分明，很能激起游人的兴趣。

　　邻借实际上亦是近借，只是取之于邻，关系更为密切。拙政园西部的宜两亭，是邻借手法在古园中应用的上乘之作。

　　清末吴县富商张履谦购得已经破残不堪的原拙政园西部，请了当时姑苏画家顾若波等人共事修建，取名补园，致使一墙之隔便有了两座花园交相辉映。为了能借赏中部山池的美丽景色，取白居易"绿杨宜作两家春"诗意，他在靠近隔墙的假山顶上造了一座小亭。亭高出界墙，放眼东望，可饱览中部园林的山光水色。而向南看，则自己园内的假山水池、贴水曲廊以及廊端的倒影楼又全能摄入眼帘，故而题名

"宜两亭"。今日，此两部分又合而归一，但基本格局未变，透过间隔墙上的门洞漏窗，景色的互借互映就更方便了。

近借、邻借并非一定要借园外之景，同园相邻或者相对的不同景区也可以通过花窗、洞门进行互对互借，这种借法一般称之为对景。中国园林应用对景已有很长历史了，宋代朱长文的《吴郡图经续记·南园》中，就有"亭宇台榭，值景而造"，"值景"就是面对风景。古园布局常常按不同的欣赏主题将风景划成一个个相流通的景区，为园内景色的互对互借创造了条件。

"开窗莫妙于借景。"这是李渔在《闲情偶寄·居室部》中论园林窗户的一句话，概括了古典园林对通过门户窗框攫取外在美景的重视。的确，园林借景对景，少不了变幻多姿的门窗的接引和联络。

由扬州瘦西湖梅岭春深景区的绿荫馆西向，一条长堤伸入湖中，尽头有一座重檐亭阁，上覆青瓦，下衬黄墙，在湖水的烘托下颇为吸引游人，这便是著名的吹台，传说是南朝宋时刺史徐湛之所构。吹台南壁全然敞开，其余三面各辟一个圆洞门。从东边望去，西向圆门里有一座五亭桥，南向圆门里又映出小白塔的倩影，一亭而同时借入湖上两处名景，实在是古园门窗对景的杰作，此亭因此闻名遐迩。

"画栋朝飞南浦云，珠帘暮卷西山雨。"这是初唐才子王勃赞南昌滕王阁的名句，也是古园借景的典型。这里，诗人

图 7-10　苏州留园"洞天一碧"的六角窗　　　　　　　　　　　　　　　　冯方宇 摄

图 7-11　扬州寄啸山庄如意型花窗　　　　　　　　　　　　　　　　　　　冯方宇 摄

不写山水林泉，不写建筑亭台，而特别点明了南浦云和西山雨这类瞬息万变的气候景观，这就是虚借，即因时而借。

"窗竹影摇书案上，野泉声入砚池中。"这是颐和园临湖玉澜堂庭院中霞芳室中所挂楹联，点出了虚实景致互借交融的美妙意境。窗外的青竹、山泉是实借，而竹影摇曳、泉声汩汩的影、声之景则为虚，但它们均被借入小室为人所观赏。

同样杭州西湖平湖秋月一景的临湖主厅上，亦挂有一联。上联为"穿牖而来，夏日清风冬日日"，下联为"卷帘相见，前山明月后山山"。上联讲的是虚借，下联则有虚有实。这清风明月、丽日与西湖山容水色融合在一起，大大增加了单一实景的欣赏价值，也给游赏者带来更丰富、更深刻的审美感受。

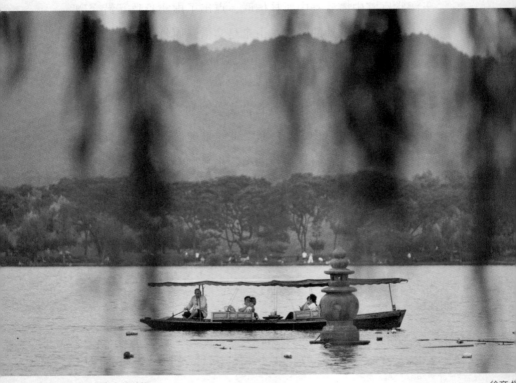

图 8-1　杭州西湖上的游船

徐彦 摄

第八章

游亦有术矣

　　人们游园，十分随意自由，可以根据自己所爱，去假山背后幽静的小斋中，静看花竹、石峰在白墙上的弄影；可以信步曲径，聆听树林中翠鸟的啼鸣；可以倚躺在湖边的石矶上，观看鱼儿戏水；可以拾级登山，眺望远处的水光山色；也可以循廊漫步，品味间壁镶嵌着的书条石和碑刻……它不像其他艺术欣赏那样，或者有一定的时间限制，或者有前后一定的次序。游人可以随心所欲地在园中徜徉。由于游赏上的这一特点，人们往往觉得游园没有什么值得推荐的欣赏方法，其实，这是一种误解。

　　游园作为一种艺术鉴赏活动，也有其一定的规律可循。清代旅行家孙家淦在总结了他一生游历经验之后，很中肯地指出了"游亦有术矣"，这"术"便是游赏的基本方法。根据前人的总结和今人的研究，我们可以用"游园先问，远望近观，动静结合，情景交融"十六个字予以概括。"游园先问"是从东晋道教先贤葛洪的《游山经》中"游山先问"借鉴而来的，是指在游赏前先收集一些有关的资料和图片，请教那些熟悉园林历史和故事的老人，对拟游的园林风景有一个大概的了解。这种在理性上的先认识可以提高游兴，以便在实际的游赏中更好地接受和领悟园景的意境。

游园先问

曲江山水闻来久，恐不知名访倍难。
愿借图经将入界，每逢佳处便开看。

这是唐代文学家韩愈的一首七绝《将至韶州先寄张端公使君借图经》。这一年（820 年），他贬官潮州，为了要游韶州（今韶关市）的曲江山水，便先派人去向友人借阅图经。图经是记述当地名园胜迹、山水风物的志书，并附有插图，每隔数年修订一次，呈报中央政府，以使朝廷掌握各处情况。

我国传统的山水欣赏，一贯注重历史资料的积累，注重文化的延续性。地方要撰写图经，各山水园林亦修山志，私家宅园要写园记，寺庙花园也有庙史。这些志书、记传，有的写园林名胜的来由，有的记录历史著名人物与它们的关系，有的写主人的坎坷经历，有的写景致构思的立意……从宏观来看，它们全都是园林风景中积淀下来的文化的一种文字表现形式，于游览赏景有很大的帮助。

因此，古代文化层次较高的人，在游赏风景之前每每都要查找借阅这类书籍，以了解其历史人事的变迁或其他知识。像欧阳修一次在游历浮槎山风景时，为了考察山北泉水的品位，"乃考图记（即图经），问于故老，得其事迹"。他在滁州时，也借古籍查对古迹名胜："修尝考其山川，按其图记，升高以望清流之关……"在注重历史连续性的古代，园林风景游赏前的准备和了解，往往是游览不可缺少的一步。

江山也要伟人扶，神化丹青即画图。

赖有岳于双少保，人间始觉重西湖。

袁枚的这首《谒岳王墓》，指出了园林风景中人文意味积淀的重要性。杭州西湖山容水态的美要不是有岳飞墓、于谦墓等人文景点的辅助，就会有所逊色。近代文豪郁达夫的"江山也要文人捧，堤柳而今尚姓苏"之句，说的也是这个意思。这些景色，联系着政治史、文学史、艺术史、地方史等方面的知识，如果对这些茫然不知，游赏起来兴味肯定会大打折扣。作家于敏在《西湖即景》中，对园林风景中文化意味的积淀，给予了很高的评价：

　　如果西湖只有山水之秀和林壑之美，而没有岳飞、于谦、
张苍水、秋瑾这班气壮山河的民族英雄，没有白居易、苏轼、
林逋这些光昭古今的诗人，没有传为佳话的白娘子和苏小小，
那么可以设想，人们的兴味是不会这么浓厚的。我们瞻仰岳
庙而高歌岳飞的《满江红》；漫步南屏而暗诵张苍水的《绝命
诗》；我们流连在苏堤上而追忆苏东坡的"六桥横绝天汉上，
北山始与南屏通"；登孤山和放鹤亭而低吟林和靖的"疏影横
斜水清浅，暗香浮动月黄昏"。在这里，自然与人的功业，与
人的创造融为一体。相得益彰的不只是山和水，还有自然
和人。

　　一些和历史帝王相关的苑囿花园，其文化意味和背景知
识对赏景的帮助就更大了。
　　中南海是明清两朝的西苑，与风景联系在一起的政治和
帝王后妃生活故事就更多了。就说瀛台一景吧，它以东海三
仙山为构景的主要模式，将它创造成宫廷花园中的一处人间
仙境，主要建筑翔鸾阁、涵元殿和香扆殿便是仙山之楼阁。
据宫殿史籍记载，清朝历代皇帝均喜到此游览。如康熙好钓
鱼，便常约群臣在此垂钓，大臣只好买通太监，先买来活鱼
用线穿好养在水中，然后提丝得鱼，去见皇上，寓意君臣共

享鱼水之欢。雍正喜泛舟，这里也是他荡舟游赏之处。而乾隆性孝，则陪伴皇太后在此看焰火，并设宴赏赐大臣，显示升平景象。

清末，戊戌变法失败，这里又是慈禧囚禁光绪之处，从1898年到1908年达十年之久。光绪被囚禁时，瀛台通往勤政殿的木桥铺着活动桥板，随用随拆，桥北端两旁又各造五间房屋，由慈禧安排心腹太监日夜监守。光绪最宠爱的珍妃也被打入冷宫，不准两人会面，为了见上爱妃一面，还要靠自己的心腹太监冒生命危险，在黑沉沉的夜晚拉船偷渡。这些景点，游人可以将它们放在历史悲剧美的背景下来浮想联翩。

关于各园具体知识的了解，其范围更广。我国古典园林，都有自己的历史，有的还包含着曲折有趣的故事。游赏之前，大概了解一些历史，很有必要。例如人们来到苏州拙政园门口，对"拙政"两字往往感到纳闷。其实这和建园时的历史有关。明正德四年（1509年），御史王献臣官场失意回归故里，在城东北隅低地拓建园林。他当时的心境不好，便借用晋代潘岳《闲居赋》序言中"灌园鬻蔬，供朝夕之膳……此亦拙者之为政也"的语意，命园为"拙政"。这两个字一是表示自己要归隐田园，远离风风雨雨的朝廷，另外也有嘲讽"聪明人"把升官发财作为政事，有彼浊我清的意思。

有些古园园名的更迭也颇有意思，如苏州留园，在明代称为"东园"，以与园主徐时泰的另一所园林"西园"相呼应。到清代，因为园中多白皮松，易名为"寒碧山庄"。又因为园主姓刘，市民百姓就简称"刘园"。后园主易人，"刘"就改为留，意为园景佳丽，能留佳人，使游者流连忘返。

远望近观

人们欣赏园林风景，得到的是真切的空间感受，眼前出现的是一幅幅近景、中景和远景配合得宜的立体图画。要细品这风景画面的美，就既要看近处的景致，又要看远方的风光。正确的游园赏景应该是远望和近看的结合、宏观和细察的统一。

"宿云似幕能遮月，细雨如烟不损花""风带残云归远岫，树摇余滴乱斜阳"这些古代的赏景名句，都是经过远近结合的欣赏才能得到的。远岫、残云和明月，要放眼望去才会组进园中来；而细雨中的小花、绿叶上的雨珠，则是就近才能看仔细的小景。这远近的结合使游赏者能巨细不漏地领略到园中的任何美景。

郭熙在《林泉高致》中，揭示了赏景为何要远近结合的道理："真山水之川谷，远望之，以取其势；近看之，以取其质。"这里，"势"指山水风景总的气势神态，即要领略山川整体气势的美，一定要在能见到全貌的远处看；"质"指景物具体的形、色、质地、纹理等，要能仔细地品察它们，当然要就近细看了。王羲之在《兰亭集序》中写道:"仰观宇宙之大,俯察品类之盛,所以游目骋怀,足以极视听之娱,信可乐也。"这里说的仰观,其实就是远望日月星辰,而俯察便是细看近处的多样景物。可见这一传统的游赏方法已有很悠久的历史了。

在具体的游赏活动中,人们往往较多地将注意力集中在周围的小景上。当然,园林风景的许多美均包孕于小巧而灵活的景物之中,如荷花游鱼、迎风纤草、多姿石峰和小巧亭榭,它们均宜于近观细赏。然而,光顾得近赏而忽略了远距离地看景,往往会使得游赏者不能全面地去把握风景的整体美。

美学家宗白华曾引用过一首古诗《舟还长沙》来说明看景首先要远望,即间隔一定距离地欣赏,才能真正领略它的动人之处。诗这样写道:

侬家家住两湖东,十二珠帘夕照红。
今日忽从江上望,始知家在画图中。

这位长沙女子之所以身在画中而不觉其美,主要是没有机会从远处来观赏家乡的景色。而她得到"家在画图中"的观感,是一次偶然隔江望见的,这和苏东坡的"不识庐山真面目,只缘身在此山中"的道理是一样的。

同样，我们欣赏园景要是不善于在远处进行品察，而过多地集中注意力在具体小景上，就会得小失大，见石不见山，见树不见林。只有远近结合，才能既从整体上领略到园林风景明净、融洽、疏落或者萧索等气势上的变化，又能对园中山石林木、花草建筑等具体景致留下鲜明深刻的印象。因此，正确地赏景，必须是远望近观的互相补充，两者缺一不可。

这一赏景方法每每影响到园林的布局。一些处于自然山水中的山麓园、滨水园，因为有远景可借，往往将围墙造得较低矮（有时干脆不设围墙），而且在主赏远景的亭榭附近置些山石、佳木作为近景。同时，园内主要景致之间的距离也要适当拉开，使画面有较大景深，让远处山水正好作为这些主景的背衬。如常熟城内的燕谷和赵园以虞山为衬、无锡寄畅园以锡山惠山为屏，均是佳例。要是园林被市肆包围，无远景可借，也要在园内考虑远近景致的结合。如网师园看松读画轩一景，近景是轩外三株古松和松下叠石，隔池相对的假山"云岗"和濯缨水阁便是衬托古松的远景。

远近本身是个相对的概念，城市园林限于范围，所创造的山水景物尺度不会很大，看其整体气势的距离间隔也小。如在上海豫园仰山堂中隔水看黄石大假山、在苏州拙政园远香堂赏池中两岛，都带有远望的意思。这种欣赏，能很清楚地看到山形的奇峻雄伟、山势的开合顾盼，使游人产生一种登临细察的强烈欲望，具有一定的指引游赏的作用。

一些大型皇家苑囿和邑郊风景园林，包括了真山真水，游赏起来，更要应用远望近观的方法。例如北京颐和园前山和昆明湖中一些景点布置，都比较周密地考虑了远近的结合。像湖中小岛藻鉴堂，是从南向北赏万寿山整座山景的好地方。那萦回如带的长廊、高耸的佛香阁和绿树中的点点黄瓦，组合得如此巧妙。造园家把这些景都作为处在一个平面上的远景，为了增加层次，又在岛北边布置了叠石假山作为近景。倘若游赏者坐在堂中北望，近处是花木美石，中间是粼粼清波，远处是万寿山美景，合着湖水有节奏的拍打，简直会以为在层次分明的画中游观。

动静结合

我国古园，景色多变，幽曲无尽。要全面领悟园林之美，就要一步一步沿曲径，随游廊，去游遍园中的各个角落，因而动态的观赏是游园的主要方法。但是园林艺术十分强调意境，一些好的景致往往是含而不露，带有较深的意味，品赏它们需要一定的时间来细心揣摩和觅寻。游人常常会在佳景前停下来玩味流连，这便是古人说的"品园"。"品"往往是静态的，所以静观也是游园所不可少的。

实际上，人们游园，无论是大型山水园林还是宅旁屋后的私家小园，都是走走停停、动静结合地游览，只不过各有侧重罢了。这种行止随意、动静交替的游赏方式，本身也形成了游园活动的快慢节奏，提高了赏景的情趣。

动观，有速度快慢之分。现代化的交通工具能有"一日千里"之动，在名山风景区坐上登山缆车，本来需要花一两天才能登上的巅峰，数分钟内便可"捷足先登"。这种快速游显然不适合用来观赏园林。游园的动观，是指随游赏者的兴趣，闲庭信步式的缓步游赏。从审美心理来看，自由、闲散、宽松的心境最宜于感受外界的风景美，这也是古代讲究静观的主要原因。所以"走马观花"式的急动只能给游人留下粗浅的风景印象，唯有悠闲的缓步游赏才能抓住园景中的各种美，才容易被景物所打动而萌发情思，加深对园林美的感受。

除了信步缓游之外，舟游也是动观的好方式。坐在船中随波荡漾慢慢看景，既省力又舒适，还可以静听橹桨划水的声音，具有一种步游所没有的趣味。明代园林家、戏曲家李渔也极喜舟游，《闲情偶寄》中，他记下了泛舟西子湖时从他自己发明的便面窗中看景色变幻的丰富感受：

坐于其中，则两岸之湖光山色、寺观浮屠、云烟竹树，以及往来之樵人牧竖、醉翁游女，连人带马尽入便面之中，作我天然图画。且又时时变幻，不为一定之形。非特舟行之际，摇一橹，变一像，撑一篙，换一景。即系缆时，风摇水

动，亦刻刻异形。是一日之内，现出百千万幅佳山佳水，总
以便面收之。

过去处于江南水乡的园林，每每有河道相通，士人常泛
舟游览，所谓烟波画船。如秦淮河两岸园林、嘉兴南湖、苏
州虎丘等地，"箫鼓楼船，无日无之"。杭州西湖风景，船游
更佳。明清之际，湖上流行一种"总宜船"，取"淡妆浓抹
总相宜"之诗意名之。这种船四面空透，顶上有篷，晴雨均
可赏景。清代诗人郭麐（麟）有一阕《水调歌头》，描绘了
乘总宜船游湖的情景：

其上天如水，其下水如天。
天容水色渌净，楼阁镜中悬。
面面玲珑窗户，更著疏疏帘子，湖影澹于烟。
白雨忽吹散，凉到白鸥边。
……

有些园林利用园中池塘水系，开拓成可以舟游的水路，
如豫园原先在大池（即今九曲桥下荷池）和乐寿堂（今三穗
堂）西北边的方塘之间，有东西两条竹外长渠可通，形成一
个回路，"舟可绕而泛也"。当年园主潘公曾伴其母在园内
舟游。

帝王苑囿，一般水面较大，泛舟也是主要的游览方式。如慈禧居颐和园时，每当春暖花开，总要带着宫娥彩女坐龙舟畅游昆明湖。明清两朝，帝王后妃从宫中去西郊诸苑囿游览时，也常常去西直门外绮红堂坐龙舟，从长河走水路来往。沿河种有翠绿成荫的护堤柳和点景树，一直绵延二十多里，也为京郊一景。

静观是指动态欣赏过程中的暂时停顿，如坐石观水、倚栏远眺、亭中小憩、山巅临风等。园林游赏中的静观是自由

图 8-2　南京夫子庙夜景

随意的，游人可以根据自己对风景的理解或生理上的需要来决定，但它在游览中的作用甚大。就像音乐中的休止符，绘画的留白一样，园景中的静观点也包含着深层的审美意味。

　　游赏古园，凡筑有亭子、小轩或留有石桌石椅之处，均应分外留意，这里每每有精巧含蓄的景色供你观赏，那些风景建筑或小品实际是设计师给出的某种暗示，让游人很自然地从动观变为静观。像嘉定秋霞圃池北的扑水亭，是突出池面很重要的静观点，其用意是让人能较近地静赏池南临水湖

冯方宇 摄

图 8-3　苏州留园中的石桌石凳　　　　　　　　　　　　　　　　冯方宇 摄

石壁的风姿。此外，园中各式洞门、空窗或漏花窗等，往往
也有很好的对景或借景，值得留心静赏。

　　"人静鱼自跃，风定荷更香。"动观和静观并不是绝对
的。大型山水园林，空间序列比较复杂，景多景全，应以动
观为主，但它每一个局部景区，也颇多清雅小景，亦可静赏
盘桓半日。江南文人小园，占地有限，环绕中心水池或假山，
设有许多宜坐宜留之处，宜以静观为主，但人们绕池一周或
随廊漫游，也存在着动的因素。

　　动与静的游赏方式还常常和园中各景物的动静状态互相
交混。园林是充满活泼生气的艺术，其景色也动静多变，如
山静泉流、水静鱼游、花静蝶飞、石静影移，都是静中之

动。而游人漫步曲径，泛舟池中，观看山石、林木、建筑等是以动观静；反之，坐定静赏行云变幻、泉流淙淙、鸟飞蝶舞、柳枝摇拂，则是以静观动。正如晚明哲学家王夫之所说："方动即静，方静旋动，静即含动，动不舍静。"园林欣赏中如此多样的动静结合，是很有特色的。

情景交融

我国传统的赏景习惯，很强调外在的景物和游赏者内心情感的交混融合。人们游赏园林，要是不触动自己的感情，只是简单地一走了事，就算能够道出一连串的景名，也只能说是低层次的欣赏。要使人们的审美感受上升到一个较高层次，必须加入一种催化剂，这便是情感。游园要有更多的收获，必定要以情看景，以情悟物。

园林史上，以情看景、赋自然之物以人性的例子是不少的。米芾拜石，林和靖的梅妻鹤子等都是脍炙人口的园林佳话。计成在《园冶》中也指出，只有以情感来领悟园林风景，才会觉得格外有味。这就是"触景生奇，含情多致"。因此，计成看桃花李花，会有"桃李不言，似通津信"的感觉；赏微风吹拂杨柳，会觉得是少女在翩翩起舞；听雨打芭蕉之声，好像是听见龙宫鲛人在哭泣；观看新绽出的荷花，会以为是红衣少女在新浴，从而将具体的园景同主观的情思和联想连在一起。

这种由景生情的观赏方法和文学艺术中托物比兴的处理手法很相似。"比"就是比喻,"因物喻志"。"兴"就是"言有尽而意无穷",也就是以一定的景物表达出无限的意味,这就要求观赏者进行由此及彼的联想和想象,抒发各种感情。造园家在园林景物的创造中,也常常运用比兴的手法。园中的山石竹木、花木鸟兽,甚至风雾雨雪、烟波云水均可用来比拟人的德性和姿态。如清康熙皇帝在《御制避暑山庄记》中说的"玩芝兰则爱德行,睹松竹则思贞操,临清流则贵廉洁,览蔓草则贱贪秽"等均是赏园景比拟的常见例子。游园时因景生情而产生的联想,实际上就是"兴"。游古园,最易产生的联想是因景而追忆起古代的历史人文故事。如游苏州寒山寺想起唐代张继的名诗,游杭州西湖断桥想起《白蛇传》中的许仙、白娘子,游无锡寄畅园想起当年清乾隆南巡的驻跸等。

河北保定的莲花池是建于元代的古园,前人评曰:"虽城市嚣嚣,而得三湘七泽之乐,可谓胜地矣。"像这种映水莲花朵朵、古木建筑相附的古园景色,常常会使游人发思古之幽情。君子长生馆是园内主要建筑,凌空架设于水上,四周廊庑环抱,正门两边有楹联一副:"花落庭闲,爱光景随时,且作清游寻胜地;莲香池静,问弦歌何处,更教思古发幽情。"上联讲的是在园林佳景中探幽寻胜,边游边看,悠闲自得;下联写由景色引起的情思活动,在莲映清池、静香四溢的环境中，游人会情不自禁地弹弦高歌，展开想象的翅膀，历代的高士贤者、骚人墨客在这动情的一刹那间都汇集在脑中，从而分外感到古园景色的美。这种联想是由景生情、达到情景交融的不可缺少的审美心理活动。

南北朝时，梁简文帝游华林园，对跟随左右的人说："会心处不必在远，翳然林水，便自有濠濮间想也，觉鸟兽禽鱼自来亲人。"这一则与山水禽鱼心意相通的故事记载在《世说新语》中，流传很广。后人竞相效仿，在自己的园林中构筑起与自然万物息息相通、融为一体的小天地。这样一来，人要与自然保持和谐，就不必远去深山僻壤隐逸遁世，只要在园林中与自然景物亲近为伍，观赏时注入自己的情感，就会觉得它们"自来亲人"，从而达到天人合一的境界。

颐和园昆明湖东北岸的乐寿堂，是乾隆游园时的休憩之处，后来又是慈禧园居时的寝宫。这一组园林建筑的正门是临湖的一间敞轩，门前码头是当年慈禧太后水路来园时下船之处。这里视野开阔、山岛葱茏，极目四望，湖水淼淼，鸢飞鱼跃，现出一派生机。在此赏景，游人会自然而然从心底萌生出一种怡然自得的愉悦感，从而格外感到景色的宜人和亲切。当年造园家为了引发游人的赏心情思，题其景名曰"水木自亲"，妥帖地隐含了华林园"濠濮间想"和"自来亲人"的典故。

晚清思想家魏源对风景游赏也颇有研究，他曾作《游山吟》，介绍看山的经验体会：

> 人知游山乐，不知游山学。人生天地间，息息宜通天地籥。……泉能使山静，石能使山雄，云能使山活，树能使山葱。……与山如一始知山，寐寐形神合如一。

这段文字，既富含哲理，又是对赏山的很好指导：人们欣赏山水景色，必须在情感上与景物融而为一，这样才能做到"与山如一始知山"，真正懂得风景。明清画家唐志契也谈过类似的体会，他说画山水最要得山水性情，得其性情，山水看起来便亲切动人，"自然山性即我性，山情即我情……水性即我性，水情即我情"，达到了魏源说的"寐寐形神合如一"的境界。园林赏景，也要得山水之性情。所谓"芳草有情，斜阳无语，雁横南浦，人倚西楼"，在倚楼赏景的人看来，这芳草、斜阳、水禽等风物，亦都充满着无限情趣。

非仅赏园中山水林木等人工创造的景要移入情感，就是那些不起眼的、仅表示"积年累月，风剥日侵之功"的苍苔，竟然也成为古代文人钟情的朋友。初唐才子王勃曾专门作《青苔赋》，称赞园林中山石和天井背阳处随处可见的苍苔：

> 背阳就阴，违喧处静，不根不蒂，无华无影，耻桃李之

暂芳，笑兰桂之非永，故顺时而不竞，每乘幽而自整。

在诗人笔下，苔被赋予了甘于寂寞、洁身自好的隐士品格。的确，在古代清贫文人的居所，没有名贵的花木珍禽，唯取一片青苔，寄寓自己的情思。就像刘禹锡在《陋室铭》中所咏的"苔痕上阶绿"那样，大大增添了小园的意趣，同时也暗示出主人的高尚襟怀。

游园赏景产生情景交融的境界先要有一个物质条件，这就是美的景致。要是景色平平就不大会触动情感之弦，只有在如诗如画的美景中，欣赏美感不断积累加深，才会引起游赏者情感的外延，而产生情景的融合。计成《园冶》所说的"物情所逗，目寄心期"就是这个意思。在赏景过程中，游人凡是看到那些令人不自禁停步细看的景色，就要展开想象的翅膀，充分调动已掌握的背景知识，从景象中品出深意，从形姿中看出情趣，达到赏景审美的高潮。

游览中联想的丰富、情感的缠绵和游赏者本人文化修养及经历很有关系。古园中标明景名的题匾楹联，每每是前人对风景的评价总结。它们既能引导人们正确体味眼前的风景意境，又能使人联想起古代艺术家的传闻故事，游览时要格外注意。例如杭州烟霞洞半山腰的吸江亭是隔山看钱塘江的静观佳处，要是游人能仔细品味亭柱上的联文："四大空中独留云住，一峰缺处还看潮来"，那么很快就体味出这亭

图 8-4　苏州留园墙面上的苔痕

冯方宇

的魅力，整个身心好似与云同往，面对奔腾而去的钱塘江波涛，胸中的情思就会自然流露而出，从肺腑中发出美的赞叹！

还须指出的是，情景交融的赏景方法是在游园先问、远望近观、动静结合的基础上的一个提高。游园先问可帮助游人了解园林的历史和有关名人故事，在游园时便于展开联想；激发感情必定是在远望近观对整体风景有了比较完全的了解之后；动静结合的游赏，能使游人运用比兴联想，悟透景中精妙的"奥思"。因此，上面说的四种基本赏景方法，是互相关联、相辅相成的。

鱼、舟、沧浪水之趣

因为我国园林与古文化密不可分，一些景色往往包含许多富含哲理的故事，与古代名人轶事和文化思想相联系。领悟其中之奥秘，对于达到情景交融的审美境界帮助是很大的。

古典园林景致的所有小动物主题中，鱼的地位最高。无论是文人园林还是宫苑花园，无论是寺庙园还是城郊的风景园，总不乏临池观鱼处。杭州除了玉泉外，还有花港观鱼，上海豫园有鱼乐榭，苏州沧浪亭有观鱼处，无锡寄畅园有知鱼槛，岭南可园有观鱼篌，北京颐和园有知鱼桥、鱼藻轩……此外还有许多景点虽不点明观鱼，却是看鱼佳处，诸如苏州西园放生池中的湖心亭、豫园玉华堂一侧的滨水长廊等。观鱼成了园林滨水细赏景观不可缺少的内容。

"无风莲叶摇，知有游鳞聚。"这是苏州艺圃乳鱼亭中的一副楹联。艺圃是明代古园，原为文徵明曾孙文震孟所居，假山小亭与主要厅堂隔一很大水面相对互借，而池北一边，厅、斋、馆、所，大小建筑全依水，是俯观游鱼的绝佳观赏点。池中疏植几株荷花，鱼戏莲叶间，较之玉泉等密集鱼景，又别具诗情画意。

临池观鱼，不论是群鱼嬉戏、翻腾翔跃，还是锦鳞数尾、悠然唼喋，都以其美妙的姿态和自如的神情同化了看鱼人，触发他们精神上的愉悦和欢乐。这便是玉泉"鱼乐国"两边所挂"鱼乐人亦乐，泉清心共清"对联所写的境界。

观鱼离不开看水，那鱼乐的天地，一泓清水也纯化了看鱼人的心境，使之清净淡泊，浊事皆忘。赏鱼至此，可说初步达到了物我同一的境界。但还要深入一步，去发掘出这一景致中蕴含的理趣。明人王世贞曾有《玉泉寺观鱼》一首，倒可以作为领悟这一理趣的线索：

寺古碑残不记年，清池媚景且留连。
金鳞惯爱初斜日，玉乳长涵太古天。
投饵聚时霞作片，避人深处月初弦。
还将吾乐同鱼乐，三复庄生濠上篇。

前面六句写的是景的变化多姿，最后归结到其中之理，

图 8-5　东莞可园观鱼簃　　　　　　　　　　　　　　　　　　视觉中国供图

即庄子秋水篇中的"鱼乐我乐"的典故。

《庄子·秋水篇》记道："庄子与惠子游于濠梁之上。庄子曰：'儵鱼出游从容，是鱼之乐也。'惠子曰：'子非鱼，安知鱼之乐？'庄子曰：'子非我，安知我不知鱼之乐？'"这是先秦哲学中很著名的一段故事，栩栩如生地描绘出庄子那一副无为浪漫，落拓不羁的神态。

在先秦诸子中，庄子最强调人要依附自然，主张"知其不可奈何而安之若命"，即认为人与自然相比是渺小的、无能为力的，知道这一点，就能超越现实世界的苦难，安之若命，与万物自然共生共息。庄周之所以要梦蝶，要幻想自己变成大鹏，在大自然中逍遥遨游，就是为了达到与自然完全同一的境界。尽管"濠上观鱼"只是几句简单的对话，然而却富含哲理，能完整反映出庄周对"物我同一"这一最高自由境界的追求。

庄子思想对后世士大夫文人影响极大，特别在艺术领域，人们竞相效法他，以耽乐自然、隐逸山林为高雅，这也是我国古代以自然山水、田园风景为主题的诗文绘画如此丰富的重要原因。在园林中设立观鱼景点，是对庄子濠梁观鱼最直接的模仿，其立意所在，主要也是对他逍遥隐逸、鱼乐我乐、与万物共生共息思想的追慕。除了上述直接点明鱼乐的景点之外，还有从濠梁引申出来的观水遐思的风景主题，这就是《园冶》所说的"借濠濮之上，人想观鱼"。如北京

图 8-6　上海豫园曲桥鱼乐图　　　　　　　　　　　　　　　　　　作者供图

北海公园的濠濮涧、苏州留园的濠濮亭等景致，也都带有着观鱼知乐的理趣意蕴。

和"鱼乐我乐"齐名的是"沧浪之水"的故事。

沧浪之水清兮，可以濯吾缨。
沧浪之水浊兮，可以濯吾足。

这是流传在上古时候的一首歌谣。有一次，孔子与学生外出，听到此歌，很感慨地对学生说："小子听之，清斯濯缨，浊斯濯足矣，自取之也。"以此来教训弟子要清高自爱。

《楚辞》中也收录了这首歌，而且将它的含义拓展得更广：有位渔父在河边碰到屈原，就问屈大夫为什么会被楚王放逐，屈原回答说："举世皆浊我独清，众人皆醉我独醒，是以见放。"这时，渔父就唱起了这首歌谣来劝慰屈大夫。意思是说，如果王上英明爱才，顾惜百姓，你就应该在清溪中把帽子洗净去为他治国；如果王上昏庸糊涂，奸臣当朝，你就干脆隐居在山水林泉之中，濯足自娱，何乐而不为呢？这种说法实际上和古代士大夫们"穷则独善其身，达则兼济天下"，以及所谓"身在江湖，心存魏阙"等思想是同出一源的，均反映了出仕和隐居这两种思想的矛盾，也就是儒家的入世和道家出世的矛盾。

古代不少名园的主人，有的是仕途失意被罢官的士人，有的是满腹经纶但又屡考不中的读书人，他们对社会和朝廷有着某些怨气，因而以隐居山水之中濯足自娱的高士来自比。

北宋诗人苏舜钦原是主管朝廷进奏院（承转朝廷和各地公文往来的机关）的官员，此院常出卖积存下来的公文奏章的封套等废纸，充作公费。按例，每年秋天进奏院要举行祭神仪式（其所供奉的神据传是造字的仓颉）。1044年秋，在举行仪式之后，苏邀集了相与的一些名士，举行公宴，在各出公份之外，也开支了一些卖纸的钱。结果却被人借题发挥参了一本，说席上有伎乐侑酒，亵渎神明，又说有许多不满朝廷的议论等，一件小事引起了一场政治风波，牵连到苏的岳父、宰相杜衍及老师范仲淹。苏被除名，削职为民，不少座客都受到处分。罢官后苏到苏州买地营园，有感于《沧浪之水》这首歌谣，遂取园名为沧浪亭。诗人的好友梅尧臣为了安抚他不平的心情，也以古代沧浪之水的例子来宽慰他，在《寄题苏子美沧浪亭》中劝道：

闻买沧浪水，遂作沧浪人。

置亭沧浪上，日与沧浪亲。

个人的仕途升沉，是历史上过眼的云烟，顷刻散去，但这座园林饱经沧桑而不废，成为人们游园必游之处，沧浪故事也因此而流传更广。

网师园有一座名为濯缨水阁的临池水榭，也含有这一层理趣。但园主人题名"濯缨"是否还期望朝廷的起用呢？给园起名"网师"的清代文人宋鲁儒自号"渔隐"，即要做一个在山水中自由歌吟的渔父，明显有退归林下之意，之所以不说"濯足"而用"濯缨"，实在是惧怕朝廷怪罪而说的反话。古代文人在专制统治下常对有些词反其意用之，如柳宗元被贬永州，以愚来名其钟爱的小溪风景，有愚丘、愚泉、愚池、愚堂等，其实都是反话。前文所提无锡惠山的愚公谷、绍兴的愚园，以及晚清上海的愚园，也均为此意。因为"濯足"意指朝廷腐败，只好以"濯缨"替之了。实际上还是临池濯足之意。

濯缨水阁中有一副对联很富理趣，上联是"曾三颜四"，下联是"禹寸陶分"，据传是郑板桥手迹。"曾"是指孔子弟子曾参，因他有"吾日三省吾身"的习惯故叫"曾三"；"颜"指孔子另一门人颜渊，因他有"四勿"原则："非礼勿视，非礼勿闻，非礼勿言，非礼勿动"，故称"颜四"。下联的禹就是大禹，陶指东晋的陶侃，他们是古人中爱惜时间的楷模，前者惜寸阴，后者惜分阴，所以称"禹寸陶分"。这一联挂于水阁，看起来是教人珍惜光阴，不要玩景丧志，实际上是反衬了园林风景的美，意指眼前的美景使得游人流连不肯去。

古典园林是我国传统文化树上的一颗硕果，它和古代哲学、美学思想是紧密相连的。诸如庄子观鱼、沧浪之水等古代先哲高士的传闻故事便很自然地反映到园中来，成为园林主人表达他们理想情操的手段。

与水相关联的还有舟船景。

水陆皆随便，阴晴总自操。

泛虚原不系，何处见波涛。

这是古人写园林旱船景的小诗。旱船，也称不系舟，是古园池中模仿舟船所建的小筑，它以其独特的造型吸引着众多游客，是园林水景很好的点缀，特别是多水的江南园林，几乎园园都有舟景。就上海来说，豫园有亦舫，南翔古漪园有不系舟，秋霞圃有舟而不游轩，青浦曲水园有舟非居水……除了装点园林之外，它们也是造园家曲折表达胸中理念的途径，蕴含着浓郁的理趣。

古代文人名士，要是对现实生活不满意，就总是想遁世隐逸、耽乐于山水之间。这种逍遥优游，多半是买舟而往。东晋大隐士陶渊明就有"实迷途其未远，觉今是而昨非。舟遥遥以轻飏，风飘飘而吹衣"的吟唱，对舟船有着特殊的感情。唐诗人李白一生好游历，也说过"人生在世不称意，明朝散发弄扁舟"，甚至在梦中，他也觉得自己乘坐在小舟上，游于山水之间："湖月照我影，……渌水荡漾清猿啼"。可以说，古代士大夫将自己对山水林泉的怀恋、对仕途的担心、对社会的不满，统统化作了对舟船生活的憧憬。

然而，能像陶潜、李白那样买舟出游的士人到底不多。于是人们就在能坐穷泉壑的宅旁园林中滨水造舟，来寄寓自己游历山水的理想。这种舟船，并不在于形似，而是在于它的象征意味，是一种虚实结合的启发和回味。因此，古园中，除了颐和园清宴舫那种完全依照外国火轮建造、泊于水中的船景之外，多数旱船只是具有首、舱和后楼的意味，拙政园的香洲便是一例。另外，像岭南清晖园和余荫山房的船厅，其布局虽有些模仿珠江中的紫洞艇，但与水相接甚少，实际上只是建于池侧的楼阁。再如秋霞圃的舟而不游轩，并无一

图 8-7　北京颐和园知鱼桥 视觉中国供图

图 8-8　扬州寄啸山庄的船厅 冯方宇 摄

般旱船的首部平台，只是叠砌几块湖石，伸入水中，也是略具意味而已。

有的题名为船的小筑，甚至根本不临水，仅靠某些园林小品的提示。如扬州寄啸山庄的单层船厅（四面厅），四周无水，构筑单一，只是阶前铺地作水纹状，给人以舟船的联想，可谓以虚带实的典型。然而，无论其形似还是神似，当年园主人只要一踏上这些不游之船，就会获得泛舟荡漾于湖山间的感觉。对此，欧阳修在记其园中旱船的《画舫斋记》中说得甚为明了：

> 凡偃休于吾斋者，又如偃休乎舟中。山石嶙峋，佳花美木之植列于两檐之外，又似泛乎中流。而左山右林之相映，皆可爱者，因以舟名焉。……予闻古之人，有逃世远去江湖之上终身而不肯返者，其心必有所乐也。苟非冒利于险，有罪而不得已，使顺风恬波，傲然枕席之上，一日而千里，则舟之行岂不乐哉！

小斋并不临水，但休于斋等于休于舟，笔虽不到，其意已到，它表达了欧阳修居安思危，对古之高士买舟退归山林的追慕之情，这正是古园中旱船景致的主要理性内涵。

图 9-1 绍兴沈园钗头凤碑 作者供

第九章

诗情、酒趣、茶韵

　　琴、棋、书、画、诗、酒、茶，在古代被称为"七雅事"，也是文人墨客较为热衷的生活方式。而园林是士大夫起居生活的重要场所，也是行雅事的理想环境。先说园林和诗歌文学、酒、茶的故事。

画龙点睛的题对

　　艺术史家认为我国古典园林是综合各类艺术符号的典范。园中的山水、花木和亭台等具体景物使用的是雕塑、绘画和建筑等造型艺术的符号，而题额对联则是使用文学语言的符号。前者能描摹事物具体形象，虽然清楚明了，却往往不易引起游赏者的深入体验。而后者是造园家精神活动的产物，在很大程度上说出了游人本身的审美感受，是情和意形象化的集中表现。人们游赏古园，一边赏景，一边吟咏着题对等文字景观，常常有所顿悟，觉得它们仿佛说出了自己想说而又找不到适当语言来表达的感受，从而加深了对风景美的领悟。

正因为古园中处处有这些能画龙点睛的文学景致，才使得一般的山水亭台景含有深隽的趣味，更耐看，更有魅力。

清初名士王士禛是诗坛"神韵说"的创始人，他酷爱游历山水名园、吟风弄月，故自号"渔洋山人"。他曾司理名城扬州，创冶春诗社，对瘦西湖一带园林风景的开发有过不小的贡献。他咏瘦西湖景色诗作中最有名的一首是写红桥的：

红桥飞跨水当中，一字阑干九曲红。
日午画船桥下过，衣香人影太匆匆。

今日，桥西南的冶春诗社旧址已归入扬州大学内，但香影楼题名仍在，人们一见此楼名，眼前就会浮现出渔洋山人当年修禊红桥、与名士骚人们赋诗于冶春诗社的盛况，这桩文学韵事已深深地融入园林胜景之中。

为纪念诗社韵事，近人余继之在天宁门外丰乐下街修建冶春园，这里原是乾隆年间"丰市层楼"一景之所在。花园东首，沿护城河筑水榭两列，组成小院"水绘园"。西向接以廊房，取渔洋山人诗意，题为"香影廊"，廊内设几座，可于赏景同时问泉品茶。东边不远处，就是当年扬州士绅接

9-2 苏州留园君子所履亭楹联："今日还宜知此味，当年曾记咬其根" 冯方宇 摄

9-3 苏州耦园枕波双隐半亭楹联："耦园住佳耦，城曲筑诗城" 冯方宇 摄

南巡帝驾的御码头。与廊隔水相对的，便是颇享盛名的绿扬城郭遗址（现已改建为环城马路），一带浓荫下，有一水自北水关拱桥下缓缓流来，在廊下与城河汇合，这就是"小秦淮河"了。榭、廊之内，平地堆缓阜，傍阜植树，一带曲径向西北花木深处斜去，浓荫中，露出小亭一角，景色恬静宜人，实为维扬城下的一处胜地。

像这样将园林的名景同名诗绾结在一起的例子是很多的。在数千年的发展中，我国园林同诗歌文学已结下了不解之缘。园林讲究诗意，诗文描绘园景，它们互相借鉴，相得益彰。可以说，离开了文学，也就没有了我国灿烂的园林文化。

杭州西湖小瀛洲总的格局是在西湖中筑起一道圆形的堤坝，坝内水面上又堆起一座小岛，并以"十"字形曲桥和小堤相连，造成湖中湖、岛中岛、园中园的胜景。但是有时游客看不出其中的奥妙，这就需要用题对明确点出风景美的所在。清末维新派领袖康有为曾为此胜景题过一联，上联写道："岛中有岛，湖外有湖，通以卅折画桥，览沿堤老柳，十顷荷花，食莼菜香，如此园林，四洲游遍未尝见"。真是对西湖这一名胜的绝妙概括，是十分得体的游览指导。

楹联就是对联，在园林风景中，它们多数挂在亭榭的柱（即楹）上。实际上，它是古代诗词形式的一种演变。楹联短小精悍，独立成趣，常常寥寥数语便将山林泉木、亭台轩

9-4　苏州拙政园绣倚亭楹联："处世和而厚，生平直且勤"

9-5　成都武侯祠楹联："三顾频烦天下计，一番晤对古今情"

榭的意境勾勒出来，帮助游人领会园景的意味。在园林中，楹联是应用最多的文学形式，它虽然已经有机地融合在园景之中，但本身所有的形式美仍然是广大游赏者注目的对象。

楹联之美首先在于它的对称。这主要表现在字数、词性和声调三方面。一副好的楹联，其上下联的字数相等，相对位置上的词词性要相同，平仄声要相对（上平下仄或上仄下平）。楹联按联意分，可有正对、反对；按格律分，又有严对、宽对。题联者为了引起游人的兴趣，十分注重对联的技法。经常运用的有嵌字联、叠字联和谐音联等形式。

嵌字联即把事先确定的词语（大多为某一胜景的名字）巧妙地镶嵌在联中。如四川成都市的桂湖是明代学者杨升庵的故居园林，现代文学家郭沫若为其题撰一联："桂蕊飘香，美哉乐土；湖光增色，换了人间"，上、下联联首嵌有"桂湖"景名。

叠字联即一字连用，利用语音重叠来加强对联的艺术效果。如杭州西湖原花神庙悬挂一联，上联为"翠翠红红处处莺莺燕燕"，下联是"风风雨雨年年暮暮朝朝"，上下联均用五字重叠，是园林中很出名的叠字联。

谐音联是利用同音或近音字创作的对联。如河北秦皇岛市孟姜女庙联："海水朝（潮），朝朝朝（潮），朝朝（潮）朝落；浮云长（涨），长（常）长（常）长（涨），长（常）长（涨）长（常）消。"上联一连七个朝字，下联一连七个长字，如果不懂谐音的规律，是很难读懂的。这些讲究技巧的园林楹联，除了点出周围风景的意境之外，本身的文字常常由书法家书写或金石家篆刻，成为园林中很有观赏价值的人文艺术景观。如济南大明湖历下亭的楹联："海右此亭古，济南名士多"，是唐代大诗人杜甫的名句，由清代书法家何绍基写成楹联，名诗、名书法合成的名联挂在名亭柱上，使历下亭备受游赏者的青睐。

带有纪念意义的祠堂园林，为了向游览者介绍被纪念人的生平功绩，引发游人的赏景情感活动，其楹联比一般园林要多。例如"锦官城外柏森森"的成都武侯祠，是纪念三国蜀相诸葛亮的。园林古柏苍郁，青瓦红墙，极为幽静。园内匾对很多，有的介绍诸葛亮的生平，有的评价诸葛亮的功绩，均是静赏景色、缅怀古人的极佳辅助。像"两表酬三顾，一对足千秋"，是只有十字的一联短对，但含意很深，上联说诸葛亮以前后《出师表》酬答了刘备三顾茅庐的真情，下联说一场隆中对（诸葛亮在茅庐中向刘备细说天下形势的对话）预料了以后三分天下的形势，实在是流芳千古的政治预测。短短十个字，概括了诸葛亮的一生。

园林佳联有时把赏景者也结合进去，它所描绘出的情景，更使游人从心田升起强烈的美感。杭州西湖边上的楼外楼，悬一副联："客中客入画中画，楼外楼看山外山"。每一个读到此联的游人都会被"画中画"所打动，他们环顾四周，但见"淡水浓山画里开，无船不署好楼台。春当花月人如戏，烟入湖灯声乱催"的西湖景致比画还美，至此更加体味到"楼外楼看山外山"的意境。这样的景联，融景情于一炉，赏来自然回味无穷。

离楼外楼不远的平湖秋月，是杭州西湖一大胜景。历史上文人墨客的对联不在少数，其中也不乏描绘风景意境的佳作，如清人彭玉麟一联："凭栏看云影波光，最好是红蓼花疏，白蘋秋老；把酒对琼楼玉宇，莫辜负天心月到，水面风来"。上联以云影波光、红蓼白蘋点出深秋湖上的美色，下联以把酒对月，月到天心，绘出平湖的夜景。上联写湖光，下联着意于月色，隐含了平湖秋月之意。全联情景交融，充满诗情画意，读来使人心神为之陶醉。

除了短小精悍、言简意赅的短联，我国园林中还有百字以上的长联，有的甚至洋洋上千言（如四川江津临江城楼长联达 1612 字）。这种联实际上成了写景抒情的大型散文了。它们悬挂于著名的风景建筑上，常常作为独立的景致供人观赏。最著名的长联是昆明大观楼长联，上下联各 90 字。上联集中写景，一开始就将大观楼赏景的宏大气势向游人展开："五百里滇池，奔来眼底，披襟岸帻，喜茫茫空阔无边……"接着又从东、南、西、北四个方向描绘景色，整联笔力挥洒自如，气魄博大精深，构思腾挪变化，被誉为古今第一长联，成为大观楼公园的第一名景。

图9-6 昆明大观楼 视觉中国供图

　　园林楹联其实是由山水风景诗发展而来的，好的诗句本身便是一副妙联，因而不少园林佳联就直接摘自名家诗作。除历下亭外，北京陶然亭联取白居易诗句"更待菊黄家酝熟，共君一醉一陶然"，长沙岳麓山爱晚亭联取杜牧诗句"停车坐爱枫林晚，霜叶红于二月花"，均是以名诗名句作联文。

　　有时，园中景名楹联并不直接取自一诗，而是集不同诗人不同诗篇之句，称集句联。像上文所谈苏州沧浪亭石柱上一联："清风明月本无价，近水远山皆有情"，人们都说是欧阳修的诗句，实际却是集欧阳修《沧浪亭》诗"清风明月本无价，可惜只卖四万钱"（因苏舜钦买其地花钱四万）中的上句和苏舜钦《过苏州》诗"绿杨白鹭俱自得，近水远山皆有情"中的下句，组成一集句联。这一联配得天衣无缝，又突出了欧苏两人的友谊，并将园林风景同历史上的诗人文豪直接联系起来，实是难得的佳对。

除了以楹联形式出现的诗词文学景，人们游园漫步廊中，还时时能看到墙上嵌有大小不同的石碑（有些重要的石碑在纪念性园林中也常常单独置立，如武侯祠的"三绝碑"等），这是园中又一种以文学形式表现的景致。这些碑上所刻文字多数为文学史上的名篇名句，而其书写又往往出自当时名书法家之手，所以人称"书条石"。现存苏州留园中部曲廊中的"三百帖"、沧浪亭五百名贤祠和周围廊中的刻石、北京北海阅古楼藏的三希堂法帖等均是碑石景中著名者。

有些碑文还记载着园林的变迁、园景之精华等，可资今日游赏之参考。像留园东部石林小院墙上，有一块当年园主人刘恕写的《石林小院记》碑，详细记载了小院建造经过和院内石峰之来历。细细读来，可加深人们对这一精美小院的理解和领悟。

还有一些风景园林的山崖绝壁上，直接刻写了历代名家的题词和诗文，称作摩崖石刻。像镇江焦山西山摩崖刻有唐宋以来二百多名人的题刻，其中有米芾、陆游等的题词，很是珍贵，它们是园林中很别致的洋溢着文化意味的景观。

诗意与景名

我国古园，不但景美，而且意境也美。古代造园大师往往懂诗知画，文学修养较高，他们构思园林，往往先用简练的诗句构出各景区的主题，然后根据诗意画些草图，在建造时则仔细体味意境，推敲山水、亭榭、花木的位置，使景最大限度地表现出诗意。而在园林大体完成之后，还要进行最后的加工，在主要建筑、洞门或山石上题点景名。这实际上是以文学为艺术手段对园景进行画龙点睛式的勾勒，也是对园林意境的一次全面鉴定。

《红楼梦》第十七回记述了大观园工程基本就绪，贾政、宝玉及众宾客一边赏景，一边为园中各景致建筑题名赋诗。此时，曹雪芹借贾政之口，说出了他对题名的看法："偌大景致，若干亭榭，无字标题，也觉寥落无趣，任是花柳山水，也断不能生色。"的确，园林中的山石溪泉和建筑亭台在表情达意上有一定的局限性，而以文学语言表现出来的诗词题对，恰能比较明确地表达出造园家的艺术构思和意境熔铸。

上海豫园东部，经园林大师陈从周指导修复，成为园中最胜处。从点春堂一区经砖刻门楼步入此地，眼前山池景色豁然开朗，沿"积玉"水廊过"会景楼"而南，便是一座贴水而过的三曲石板桥。一壁粉墙横亘东西，将玉华堂和得月楼、会景楼、九狮轩分割为两个不同主题的景区。前者以名

图9-7　上海豫园积玉水廊

视觉中国供图

石玉玲珑为主题，后者则以建筑亭榭与曲水假山为主景。墙间洞开一圆月门，步三曲石桥上望去，玉玲珑正好映在圆环中，人随曲桥行，石在洞中移，恍惚之中更感到这一江南名峰的妩媚。洞门上有砖刻题额"引玉"，为陈从周先生题识。这一题名，既写实，又含虚，是园林景致设计同文学密切结合的范例。

　　相传唐代赵嘏颇负诗名，但很少写诗。诗人常建很想得到赵嘏的诗作。一次，常建听说赵嘏不日要去游苏州灵岩寺，就抢先在寺院墙上写了半首没完成的诗，后赵嘏偕友往游见此，果然引得诗兴大发，挥笔在后补上了一联绝句，常建也如愿以偿，后人就将此故事称为"抛砖引玉"。玉玲珑是石中极品，又是豫园镇园之宝。"引玉"之"引"，既可按典故训释为引诱，似乎是洞门敞开在引诱玉玲珑出来；又可解释为引导和指导，即引导游人进入彼一景区观赏美石奇景。如此门额取典正确，措辞典雅，融情景为一体，堪称题景的佳作。

贾宝玉在大观园风景题名时曾认为"编新不如述旧，刻古终胜雕今"。也就是说，古园题识要以已往的文学作品为基础，像古代文人写诗时的用典一样，让美景和富含人文意味的典故融二为一。这并不是说贾宝玉泥古、复古，而是点明了古典园林尊重传统、尊重文化的艺术规律。留至今日的古典名园，其景名题对无不与古代著名的诗文相关联。

江苏省苏州市吴江区同里镇有座退思园，为清咸丰年间大学士任兰生退居之处，其题名"退思"，与两晋的隐逸文学颇有渊源。陈从周在《书带集》中言简意深地点出了它的景色特点：

吴江同里镇，江南水乡之著者，镇环四流，户户相望，家家隔河，因水成街，因水成市，因水成园。任氏退思园于江南园林中独辟蹊径，具贴水园之特例。山、亭、馆、廊、轩、榭等皆紧贴水面，园如出水上。

这座贴水小园布局与网师园有些类同，西部为住宅，占

图 9-8　苏州退思园"闹红一舸"

图 9-9　广州余荫山房浣红跨绿桥

地约五亩（约3333平方米），东部为花园部分，仅四亩（约2667平方米）大，所有景致均环绕中心荷花池而设。据记载，它的设计规划者袁东篱当年曾主持苏州怡园的建造，因而园中集中了苏州园林中常见的各式建筑。其亭、台、楼、阁、曲桥曲廊、旱船水舸、假山石室等具有典型的苏州风格。因园主攀附名园，景色不免罗列过多，稍显堆砌杂乱。然而综观全局，仍不失为江南的一座名园。

退思园中心水池四周的不少景点题名，与南宋词人姜夔《念奴娇》词的意境有着特定的联系，这在江南园林中尚不多见。当年姜白石客武陵（今湖南常德），与友人几个日日荡舟于乔木参天的古城野水间，在菱荷中饮酒吟诗，"意象幽闲，不类人境"，有感于心，便作《念奴娇·闹红一舸》一阕：

闹红一舸，记来时，尝与鸳鸯为侣。三十六陂人未到，水佩风裳无数。翠叶吹凉，玉容消酒，更洒菰蒲雨。嫣然摇动，冷香飞上诗句。

日暮，青盖亭亭，情人不见，争忍凌波去？只恐舞衣寒易落，愁入西风南浦。高柳垂阴，老鱼吹浪，留我花间住。田田多少，几回沙际归路？

姜夔写景抒情，景深意浓，深得后世文人喜爱，为此，仰慕他的园主人便以词意名景，使文学与园景交织为一体。

退思园荷池西南，建有画舫一座，就取名为"闹红一舸"，此船舟身不高，由湖石凌波托起，伸入池中，微风轻吹，犹如扁舟随波荡漾。盛夏季节，四周红荷嫣然摇曳，如舟行红云中，更能令人心醉。池东假山巅，有小亭"暝云"隔水与舸相望，一山一水，一高一低，形成很好的对景。池南水湾处，紧依假山有精致的鸳鸯厅式小轩"菰雨生凉"，轩北贴水，夏秋间在此听秋雨打水草，令人顿生凉意。轩南有一小庭，内以湖石筑台，植以芭蕉、铁海棠等花木，很是幽静。小轩南北分为两部，中用大镜分隔。由于此轩处于荷池东南尖角处，向东南望，水景层次丰富，在柳丝掩拂之中看池北退思草堂，显得甚为遥远。闹红一舸之北，建有水香榭，临岸水岸野花杂生，凭栏看水，时时感到清风徐来，冷香飞动，沁人心脾。这一系列景观，均按词意设置，可说是白石词境的物化，那小舟、小轩、池水、岸石、花草以及清风明月，相互融合而成"不类人境"的幽闲境界。

园景题名，非仅仅是诗文辞藻应对之技，而是与造园构思相关联的艺术步骤。它既要对园林意境有所规定，又不能规定死；既要含蓄婉转点明主题，又要给游人留下想象的余地。要做到由景发情，以辞发意，有韵味地表达出游人心中的赏景感受。由现存古园多样的题识看，景名因其虚实点题的不同，约略可有三大类：

第一类的文学趣味较浓，既能言简意赅、较贴切地概括出意境主题，又能婉转表达出园主人的性情和气质。例如拙政园的远香堂和留听阁，均为夏日赏荷之处，但两者的题名均没有直接和视觉发生联系。"远香"主嗅觉，"留听"主听觉，较为别致含蓄。同时，这两个题名又巧妙地与古典文学的名人名句相联系。"远香"出自北宋哲学家周敦颐《爱莲说》的"香远益清"之句；"留听"则是唐代李商隐名句"留得枯荷听雨声"一句的摘词。题名既点出了这两处景点的风景特色，又沟通了视觉、听觉、嗅觉之间的联系。另外，还联系到周敦颐对荷花"出污泥而不染"品行的赞美，又含蓄地表明了园主人洁身自好、不媚权势的清高气质，融景物情思于一匾，堪称佳例。

"红入桃花嫩，青归柳叶新"，这是杜甫的一联名句，古人言其妙处是以虚的"红"与"青"两字起首，带出实的桃花和柳叶，最后又归于虚。岭南番禺名园余荫山房的一些景名，可说是拾了老杜这联名句的余绪，以红、绿来总领实景。进入题有"余荫山房"的正门，过厅堂，穿竹径，才到山房的真正园门，门旁有对联一副："余地三弓红雨足，荫天一角绿云深"，点出了园内红雨绿荫的主题。园分东西两部。西部以长方荷池为中心，池周绕以廊，池南有临池别馆，池北为主厅深柳堂。堂前有两棵苍劲的炮仗花古藤，花期怒放时宛若一片红雨，绚丽异常。东部中心为一八角形水池，池

图 9-10　嘉兴烟雨楼的匾额和楹联　　　　　　　　　　　　　　　　作者供图

中立一八角形"玲珑水榭"，水榭东南沿园墙布置假山，植有许多株大树菠萝、南洋水杉等浓荫古树。在西部荷池通往东部的溪流分界处，建有一座精致的廊桥，题名为浣红跨绿桥，以"红""绿"二字嵌入，既是点明主题，又告诉游人，在此桥上赏景，西园之红雨与东园之绿荫均可收入眼帘，亦是有虚有实的好景名。

　　第二类是比较直接点明风景欣赏的主题。这类题名园林中较多，如见山楼、藕香榭、玉兰堂、桂花厅之类，它们的好处是直截了当地帮助游者去寻求主景，但缺少诗意和韵味，文化意味不浓。因而一般只作次要景点的题名。大部分古典名园的景点题名往往是以实带虚，虚实结合的，能够很独到地点明风景的意境主题。像清代圆明园四十景、避暑山庄七十二景都是，如镂月开云、杏花春馆、碧桐书院、芝径云堤、锤峰落照、月色江声等既有实景，又辅以天光云影等虚变景色的题名。这些景名内含的诗意比起全实的题名要高出许多，不但突出了景致的精华，又能引发游赏者的情思意蕴，可谓美景佳名的结合。

再如北京什刹海附近的恭王府花园，是著名的王府园林，保留了原先的许多景点题名和诗作。从这些园景主题的描绘中，人们还是能体味出当日园景那明晰又有韵味的意境美。其景名有曲径通幽、垂青樾、沁秋亭、吟香醉月、樵香径、渡鹤桥、滴翠岩、绿天小隐、延青簇、诗画舫、花月玲珑、吟青霭、浣云居、松风水月、养云精舍、雨香岭、邀月台、静鸥轩和小虚舟等，多为虚实相济、诗意盎然的好名，堪称古典园林题名的佳作。

第三类主要是借景抒发园主人胸中的郁愤，但又不能直说，所以景名较隐晦，理念蕴含较深，只有历史文化修养较高的游人才能领悟出风景的真正含义。像上文所述的小沧浪、濯缨水阁、博溪渔隐等均是。有的景名用典深奥，其旨趣曲藏，常人亦难以领会。

拙政园西部池中岛山东南转角处，有一折扇扇面形的小亭，凸出于水中，隔岸与凌波浮水曲廊相对。其匾额为变体隶书所题："与谁同坐轩"。这景名颇有点歇后语性质，它启

图 9-11　苏州留园佳晴喜雨快雪之亭

冯方宇 摄

发人们去思考和回答。但其含义较为深隽，字体又与楷书相异，故一般游人较难窥探其文学的旨趣。其实，这是套用了苏轼《点绛唇》词的一句："与谁同坐，清风、明月、我。"以此来表明园主人与清风明月为伍的高雅情操，同时也包含了对苏东坡的崇敬。

苏轼那篇脍炙人口的《前赤壁赋》曾对清风明月慷慨高歌：

> 且夫天地之间，物各有主，苟非吾之所有，虽一毫而莫取。惟江上之清风，与山间之明月，耳得之为声，目遇之而成色，取之无禁，用之不竭，是造物者之无尽藏也。

从此，清风明月便成了园景中的座上客。然则这二物来去自如，忽有忽隐，于是便常在景名中加以题点，以引起人们注意。而这座小轩，平面为扇形，窗洞为扇形，连桌面大理石也为扇形，更寓意着微拂的清风。从四周景观上来看，前窗莅临一潭清水，后窗外立一葱翠小山，静谧之极，也符合迎风待月、孤傲清赏的意境。

南宋文学家洪迈在他的散文集《容斋随笔》中曾议论过园景的题名："立亭榭名最易蹈袭，既不可近俗，而务为奇涩亦非是。"综合来看，这三类题名均各有所长，第一类景名切题又含蓄，包含了丰富的审美内涵，但往往得之不易，用多了便会雷同；第二类明白易懂，但要避免直截了当的实题；第三类含义深刻，蕴有较多的理趣，但又往往比较晦涩难懂。因而古园的不少好的景名，常常集三者之长，既达意，又表情；既明晰，又含蓄。它已远不是普通的抒情咏景诗，而是园林艺术特有的创造美的手段。一些人们喜闻乐道的景名，诸如"一庭秋月啸松风之亭""佳晴喜雨快雪之亭""暗香疏影楼"等，比起那些"看山""望江"的题名，审美层次要高出许多，对园林美妙意境的形成，辅助是不小的。

景借文传

我国江南苏杭一带，风景秀丽，经济发达，历来是文人雅士集中之地，园林营造十分繁荣。濒临太湖的吴江区原来有座谐赏园，是明隆庆年间进士顾大典自求解官后建造的私园。主人在当时文坛小有名气，又工诗画，故园林建造得十分精雅。园中有"武陵一曲""茂林修竹""烟霞泉石"等景致，特别以山水叠石、林木花草擅名一时，用主人自己的话来说："台榭池馆，无伟丽之观，雕彩之饰珍奇之玩，而唯木石为最古。"其名"谐赏"出自我国山水诗创始人、南朝诗人谢灵运《山居赋》中的"在兹城而谐赏，传古今之不灭"。顾大典在他的《谐赏园记》对文人为何喜爱治园有一段很透彻的表白：

主人去家园二十年，官两都，历四方，足迹几半天下，尝登泰山，谒阙里，入会稽，探禹穴，陟雁荡，访天台，睨匡庐，汛彭蠡，穷武夷之幽胜，吊鲤湖之仙踪，江山之胜，颇领其概。意有不合，退而耕于五湖，得以佚吾老于兹园也。入则扶持板舆，出则与昆弟友生觞咏为乐，江山昔游，敛之邱园之内……

　　他的意思是说，文人学者外出游历的机会较多，对于自然山水美景有很深的体会。在他们回归故里之后，所见山水风景，常常梦牵魂绕于心头而不能忘怀，就要在宅旁屋后建造园林作为休憩生活之处。在风景布局中，则要使昔日游历所见山水美景重现于园林之内。园林创造的美好环境成为其"与昆弟友生觞咏为乐"、吟诗作文的娱乐场所，园景成为他们诗文的主题，同时也借着这些文字流传了下来。

　　唐代著名诗人白居易不仅是个园林风景迷，而且是个很有造诣的造园家。在他守杭州期间，结合湖山治理，修筑白堤，联系了郡城和湖中的孤山，方便了游览。为了观看西湖美景，他在孤山脚下用竹和茅草修建了竹阁，每游西湖，总爱在竹阁偃卧休息，并留下了"晚坐松檐下，宵眠竹阁间"的诗句。这两句诗写出了诗人当年遨游山水怡然自得之状，而小小的竹阁也因为有了这诗流传千古，今天它已成为孤山西泠印社花园中的一景。

　　白居易在洛阳故居也建有很美的园林。诗人在《池上篇》

序中写得很清楚："都城风土水木之胜在东南偏，东南之胜在履道里，里之胜在西北隅。西闬北垣第一第即白氏叟乐天退老之地。"这座第宅花园的布局以水池为中心，池中筑岛，岛上建亭，以桥相通，环池开路，又引水至小院卧室阶下，并以天竺石和华亭鹤（松江产的白鹤）作为点缀，是一座以水、竹为主景的小型园林。诗人的这所城中园林，十分重视游赏景色和起居娱乐的结合，例如池东作粟廪，"无粟不能守也"；池北建书库，"无书不能训也"；池西有琴亭，"无琴酒不能娱也"。整座园景雅致古朴，体现了主人"妻孥熙熙，鸡犬闲闲，优哉游哉，吾将终老乎其间"的设计思想。

　　白居易不仅把府宅园林修建得如此得体，他的山地园林更显示了诗人的园林艺术造诣。庐山香炉峰北草堂的规划设计，被认为是我国古典园林理论的很好实践。首先草堂的选址是观山听泉，借尽山中的美妙风光。《庐山草堂记》中这样来写草堂周围的环境：

　　乐天既来为主，仰观山，俯听泉，傍睨竹树云石，自辰及酉，应接不暇。俄而物诱气随，外适内和……堂东有瀑布，水悬三尺，泻阶隅，落石渠，昏晓如练色，夜中如环珮琴筑声。堂西倚北崖右趾，以剖竹架空，引崖上泉，脉分线悬，自檐注砌，累累如贯珠，霏微如雨露，滴沥飘洒，随风远去。

草堂建筑十分简单，"三间两柱，二室四牖"。木制的梁柱保留了砍伐的痕迹，表面不油漆，墙不粉刷。石阶纸窗、竹帘布幕，同样素净简朴，不讲究华美。一切为了赏景的方便，其他均可从简，这正是园林艺术的基本原则。

再看草堂前主要观赏区域的布置：

前有平地，轮广十丈。中有平台，半平地。台南有方池，倍平台。环池多山竹野卉，池中生白莲、白鱼。又南抵石涧，夹涧有古松、老杉，大仅十人围，高不知几百尺，修柯戛云，低枝拂潭，如幢竖，如盖张，如龙蛇走。松下多灌丛，萝茑叶蔓，骈织承翳，日月光不到地。盛夏风气如八九月时。

这一利用自然风景资源加以改造而创造园林美景的规划构思，即便是今天的园林家，也要为之拍案叫绝了。

像这样因景美而留下了不朽名篇，而后园林毁坏，后人由记载而复知当日有名园的"文因景成，景借文传"的故事，在历史上是屡见不鲜的，如作《资治通鉴》的北宋历史学家司马光的独乐园、作《梦溪笔谈》的北宋博学家沈括的梦溪园等。另外，像北宋李格非记有当时洛阳名园 19 处的《洛阳名园记》、南宋周密记有当时湖州园林 36 所的《吴兴园林记》，以及明代王世贞记有当时南京名园的《游金陵诸园记》等，更是对当时城市园林的一个总括。虽然其中大部分园林湮灭无存了，但给园林史留下了不可多得的资料。

一些著名的风景园林中的主题建筑，也常常因为有古代文学家的名诗名作而流传千古，不断被后人修缮维护，并随着历史的发展越来越显示出它们的欣赏价值。如山西永济的鹳雀楼，地处中条山一隅，本来是不很出名的，但经唐代诗人王之涣《登鹳雀楼》诗的传颂，这一远眺风景的城楼就随着"欲穷千里目，更上一层楼"的名句千古流芳了。

"落霞与孤鹜齐飞，秋水共长天一色"这一被人们千古吟唱的名对，极精彩入神地描绘出了滕王阁上秋天赏景的美妙景色。被誉为"西江第一楼"的南昌滕王阁是和唐初才子王勃的《滕王阁序》紧密联系在一起的，那"飞阁流丹，下临无地""披绣闼，俯雕甍，山原旷其盈视，川泽纡其骇瞩"等文字，成了后人描绘景色的楷模。滕王阁建立至今已有1300 多年，重修达 29 次，不能不说是《滕王阁序》的功绩。

巍然兀立在湖广重镇武昌长江边上的黄鹤楼，亦因诗人的轶事和名句而闻名天下。据传唐代诗人李白游武昌蛇山黄鹤楼，被眼前美景所陶醉而引发诗兴，但抬头看见诗人崔颢的诗"昔人已乘黄鹤去，此地空余黄鹤楼。黄鹤一去不复返，白云千载空悠悠"，深深为诗中所描写的情景所折服，随口说出："眼前有景道不得，崔颢题诗在上头"，而不再题诗。今天黄鹤楼经历代多次重修，又以崭新的姿态耸立在游人面前。

图 9-12　永济鹳雀楼

图 9-13　南昌滕王阁

另一座与名人名诗连在一起的名楼是龙标（今湖南洪江市黔城镇）的芙蓉楼。

> 醉别江楼橘柚香，江风引雨入舟凉。
> 忆君遥在潇湘月，愁听清猿梦里长。

> 沅溪夏晚足凉风，春酒相携就竹丛。
> 莫道弦歌愁远谪，青山明月不曾空。

这是唐代著名的边塞诗人王昌龄晚年被贬到龙标当县尉以后所写的两首写景诗。诗人到了这个当时十分荒凉僻远的地方，虽然处境非常艰难，但他建楼台，栽花草，改造自然山水，修筑园林，并邀朋友共游赏，醉心于山水林泉之美中，吟诗作赋，写出了"青山明月不曾空"这样潇洒、乐观的诗句。当时的芙蓉楼，就是诗人饮酒赋诗、宴请宾客的地方，楼成以后，宾客盈门，盛极一时，成为湘西沅江上的一大名楼。主楼后面，凿有水池，名"芙蓉池"，四周遍植芙蓉花，并有假山等园林小景。池畔不远处立一小亭，隔池与芙蓉楼相对，名为冰心玉壶亭，这是按诗人《芙蓉楼送辛渐》诗中名句"一片冰心在玉壶"的诗意命名的。全诗镌刻在芙蓉楼的石碑上："寒雨连江夜入吴，平明送客楚山孤。洛阳亲友如相问，一片冰心在玉壶。"后代文人常用"一片冰心在玉壶"来表明自己光明磊落、清廉自守的胸怀。

此外，滁州的醉翁亭、徐州的放鹤亭、陕西凤翔县的喜雨亭等园林名亭因为有了欧阳修、苏轼等文学家的题记而一直保留到现在。连原来并不是专门写景的诗文也能成为风景园林名扬四海的原因。例如唐代诗人张继在天宝末年（756年），途经寒山寺，写下《枫桥夜泊》一诗："月落乌啼霜满天，江枫渔火对愁眠。姑苏城外寒山寺，夜半钟声到客船。"从此寒山寺名扬天下，成为中外知名的宝刹。步入悬有"寒山古寺"匾额的大门，便是作为园中一景的张继诗碑，碑文原是明书画家文徵明手迹，因历经劫难，字迹模糊残缺，又由清文学家俞樾重写再镌。此碑之外，在碑廊及殿阁、走廊壁上还有历代名人韦应物、岳飞、陆游、唐寅、王士禛和康有为等题咏寒山寺的诗文碑刻几十方，使文学艺术景观成为这一寺庙园林的重要部分。

人们都喜爱用诗情画意来评说我国园林，而诗人文学家审美修养较高，对自然风景及名胜古迹之美比较敏感，容易被园林风景激发出丰富的情感而表达于诗文。随着这些诗文的流传，这些景致也愈加出名。很多游览者就是先知道诗文，然后才去实地游览的。而在具体欣赏过程中，这些诗文又成为引导人们去领悟风景空间充满诗情的园林意境的好帮手。园林美景和写景诗文是相辅相成的，风景是诗文的创作基础，诗文反过来又点染勾勒了风景的意境，宣传了园林的美名。

柳宗元《邕州马退山茅亭记》写道："夫美不自美，因人而彰。兰亭也，不遭右军，则清湍修竹，芜没于空山矣。"这一段文字精辟地指出了我国古典园林"因人而彰"的人文特性。古往今来，无数园林倒圮了、湮没了，能载入史册、留名至今的只是十之一二，而它们几乎全都经过文豪诗家的记述吟咏，在这些园林的山林景色中，已经积淀了浓浓的文化意味。园林家陈从周用八个字概括了园林与诗词文学的这种依存关系："文因景成，景借文传。"

绍兴城内有一座春波桥，桥旁有一座小园，这就是七八百年来为文学爱好者所乐道的沈园。小园的格局很简朴，中间是一个葫芦形的水池，池畔积土为山，上面略点一些黄石。池水清澈可鉴，上跨石板小桥。假山林木后，有数椽小筑，旁有古井一口。沧桑变迁之甚，使当年的名园只剩下如此一角。如今古园已经修复，并在古井后修建了一道诗墙，嵌了两块黑色碑石，铭有著名的钗头凤词二首，凭吊参观游赏者络绎不绝。使这一名园能历尽劫难、枯而复苏的，正是陆游记述他爱情悲剧的几首诗词。

陆游二十岁与表妹唐琬结婚，婚后夫妻感情笃好。但其母素恶唐琬，强迫诗人离异。不想数年后的一个春天，他游沈园，竟与唐琬不期而遇，悲喜交集，挥笔在壁上题了《钗头凤》词一阕，倾吐爱情上的幽怨和内心的悔恨：

图 9-14　绍兴沈园　　　　　　　　　　　　　　　　　　　　视觉中国供图

图 9-15　绍兴沈园孤鹤轩　　　　　　　　　　　　　　　　　　　作者供图

红酥手，黄縢酒，满城春色宫墙柳。东风恶，欢情薄。一怀愁绪，几年离索。错！错！错！

　　春如旧，人空瘦，泪痕红浥鲛绡透。桃花落，闲池阁。山盟虽在，锦书难托。莫！莫！莫！

　　唐琬见后，悲痛难已，噙着泪和了一首：

　　世情薄，人情恶，雨送黄昏花易落。晓风干，泪痕残。欲笺心事，独语斜阑。难！难！难！

　　人成各，今非昨，病魂常似秋千索。角声寒，夜阑珊。怕人寻问，咽泪装欢。瞒！瞒！瞒！

　　自此以后，唐琬悒郁成疾，不久便亡故了。

　　唐琬的死对诗人是一个极大的打击，诗人也住到城外鉴湖旁的山居中。1199年，诗人已高龄七十又五，再到沈园春游，见词仍在壁间，景物依旧，人事已非，触景生情，无限沉痛，又在荷花池畔题了《沈园》两首：

　　城上斜阳画角哀，沈园非复旧池台。
　　伤心桥下春波绿，曾是惊鸿照影来。

　　梦断香消四十年，沈园柳老不吹绵。

此身行作稽山土，犹吊遗踪一泫然。

在陆游如此情爱的熔铸下，沈园风景多少带有了伤感的色彩。后人为了纪念这位"纤丽处似秦观，雄慨处似苏轼"的一代大诗家，曾多次修复沈园。今天，它已成为浙江省的重点文物，这一宋代名园与爱国诗人的爱情故事也感动着一代又一代的旅人和凭吊者。

意不在酒

传说禹臣仪狄始作酒醪，那么，在差不多与禹同时的上古，中国人就开始饮酒了。在悠悠四千多年的历史长河中，酒成了我国传统文化中不可缺少的一员。古时，帝王祭天、祭地、祭五谷和祖宗时均要饮酒，军队出征和班师回朝时要饮酒，考状元点翰林时要饮酒。民间的酒事也不少，送亲别友要长亭宴别，送旧迎新要喝新春酒……而园林酒事，和这些饮酒均不同，它是一种添意加趣的助兴酒，能使园林赏景现出别一样的趣味。

"醉翁之意不在酒，在乎山水之间也。"欧阳修的这一名句，道出了园林酒趣的真谛之所在。从古代咏景诗文和游记来看，士大夫文人的游园赏景，常常少不了酒。他们有的对景独酌，借酒来冲淡心头丝丝的愁绪和孤独，如李白的"花间一壶酒，独酌无相亲"、韩愈的"我来无伴侣，把酒对南山"等均是这种赏景情思的描述；有的则数人共饮，吟诗作对，如"临风竹叶满，湛月桂香浮。每接高阳宴，长陪河朔游"。这种饮，其意不在于酒，而是利用酒性，使自己进入一种薄醉、微酣状态，而使情感激荡，思绪勃发，更易于以情悟景，达到心灵与自然山水和谐统一的赏景境界。这便是欧阳修所说的"山水之乐，得之心而寓之酒也"的真谛。

安徽滁州西南十里的琅琊山，林深壑秀，景致很是清幽。唐代，山中便建有琅琊寺，为江淮间一处佛教圣地，亦是城市百姓喜爱游玩的一个邑郊山水园林。山中更多泉，泉水清澈而寒冽，甘醇可口，特别宜于酿酒。自从欧阳修《醉翁亭记》广为流传之后，此地便成为散发着浓郁酒香的山水风景园林。

1046年，欧阳修任滁州太守，得知琅琊之美，遂命山僧智仙建亭于酿泉旁，以为游息之所。太守十分喜爱此处景色，常登亭饮酒，"饮少辄醉"，故自命"醉翁"，并以此名亭，又作脍炙人口的《醉翁亭记》，在园林史上添上了带有浓浓酒趣的一笔。这里太守之醉，非为酒醉，而是对琅琊山风景的阴晴雨晦、四时变化之美的陶醉，是对嘉宾同饮、百姓随游的欢乐气氛的陶醉。欧阳修有园林癖，每至一地，均要游赏风景，吟咏山水。他曾有过许多描绘赏景乐趣的诗篇，其中有一首这样写道：

园林初夏有清香，人意乘闲味愈长。

日暖鱼跳波面静，风轻鸟语树阴凉。

野亭飞盖临芳草，曲渚回舟带夕阳。

所得平时为郡乐，况多嘉客共衔觞。

在诗人看来，吹拂树枝的轻风、跳波嬉耍的鱼儿、枝头叽喳的小鸟，以及浓树中露出一角的茅亭，均是那样的美，那样的令人心醉，因而只要与嘉宾稍饮少许，便会倍感醉意了。

今日的琅琊山风景之主题，也突出了风景中的酒趣：沿着水声潺潺的山溪上行，不久就可到达位于两座秀峰之间的酿泉，泉旁立有石碑，上题"酿泉秋月"，是古代滁州著名的十二景之一。酿泉，制酒水也，这是园林酒趣诙谐曲的引子。不远处，翼然而立的便是主题景醉翁亭，亭为歇山单檐方亭，四周古木山石环抱。亭后为一组纪念性小庭院，名为二贤堂，二贤即为欧阳修和苏轼，这两位文学家对琅琊风景园林的建设均有很大的贡献。据记载，《醉翁亭记》初刻于1048年，但字刻得较浅，当地乡绅士人以其不能远传为名，复于1091年请名声很大的书法家苏轼改写楷书大字重刻，使文章和书法相得益彰，成为风景文物中的珍品。此碑现保存在明代所建的宝宋斋内。

二贤堂西侧，有当年太守和宾客饮酒赋诗的九曲流觞，上建有意在亭，亭面对青山，点出了"醉翁之意不在酒，在乎山水之间"的主题。为了观赏山水，这一风景区中还有怡亭、览余台、古梅亭等亭台建构，它们烘云托月地强化了"心醉"的主旋律。在这一序列游赏空间之后，有一个小游赏区——醒园，"醒"与"醉"相对而出，颇具意味，也预示着乐曲已经接近尾声。出醒园过一石桥可至洗心亭，意为醒后再在秀丽的水光山色中一洗尘心，此亭亦是这组风景的收头。这一以醉为中心、充满酒趣的景致布局正中求变、小巧幽深，富有较强的文学趣味。

像这样由醉至醒的园林结构，在古代园记中亦有记述。如北宋李格非的《洛阳名园记》中所载董氏东园，也专设有"流杯""寸碧"两亭，园主人盛时，常常"载歌舞游之，醉不可归"，而且这样的游饮，有时竟要连续许多天。而在两亭西边，有一大池，池中立堂，曰"含碧"，水从四面泻入池中，而由地下暗沟流出，故朝夕如飞瀑，而池不溢。最奇怪的是喝酒再多，走登其堂辄醒，所以人皆称之为醒酒池。今日绍兴饭店一侧的小园中，也设醒池和春波薄醉轩这一组景致，倒与绍兴"中国江南的酒乡"这一称谓颇为切合。杭州西湖边上的文人私园郭庄，当年也设有苏池，这些都是园林重酒趣的反映。

"李白斗酒诗百篇"，古之文人雅士，常常以酒作为诗歌创作的催化剂，而以园林美景作为创作的理想环境。他们游山玩水，每每携酒而往，喝到兴来，便要吟诗长啸，以抒发内心的情思。唐代杜牧游安徽池州齐山，就有"江涵秋影雁初飞，与客携壶上翠微"之句。赏景、饮酒、赋诗，在古园中每每绾结在一起，是备受文人钟爱的一种文化活动。

曹雪芹《红楼梦》中曾多次写到宝玉和众姐妹在大观园内饮酒作诗的情景，其中第四十九回写的芦雪庭看雪景、烤吃鹿肉、喝酒联句最为精彩。芦雪庭是园中幽偏处傍水的小筑，"盖在傍山临水河滩之上，一带几间，茅檐土壁，槿篱竹牖，推窗便可垂钓，四面都是芦苇掩覆……"一连几天大雪，大观园变成一片银白世界，好似装在玻璃盒内一般。此时在芦雪庭赏景，真有"独钓寒江雪"的意境。这里，作者借湘云之口，就诗酒问题发了一通议论："我吃这个方爱吃酒，吃了酒才有诗。若不是这鹿肉，今儿断不能作诗。"尽管景美，但无酒亦就无诗，可见酒之重要。

寒冬之日，在亭榭内围着火炉，看看雪景，喝喝暖酒，吟歌对答，确实非常闲适自在。然而，待到春暖花开，被满园春色所引诱，诗人们就不会安居于室内了。他们常常去青山绿水之地，临清溪排开而坐，一边饮酒，一边作诗，渐渐便形成了甚富生活气息的园林文学游戏——流觞曲水。历史上最负盛名的是绍兴兰亭的流觞曲水集会。

兰亭在绍兴（古称会稽）西南十三公里处的兰渚山麓，据传越王勾践当年曾在此植兰，汉代又于此建驿站，故称兰亭。东晋永和九年（353年）上巳节（阴历三月初三），大书法家王羲之等人为修禊事在此举行了一次集会。是时，群贤毕至，少长咸集，他们沿清流列坐，作文吟诗，流觞取乐。王羲之为此曾手书了著名的《兰亭序》，里边写道：

此地有崇山峻岭，茂林修竹，又有清流急湍，映带左右，引以为流觞曲水，列坐其次。虽无丝竹管弦之盛，一觞一咏，亦足以畅叙幽情。

王羲之是"书圣"，所以这一次兰亭集会与他的书法一起流传了下来，成为后世文人极仰慕的文学艺术轶事。

"觞"，就是酒杯，流觞便是在一条曲折小溪上放置一托盘，载盏顺水漂下。而参加游戏的文人在两侧排开坐定，上首第一人为主人，出诗题，命韵脚。每当酒杯漂到一人面前停住，此人便要及时联上一句，若应对不出，便要罚酒三杯。这种边赏景边观水，又能开怀畅饮，同时以游戏形式进行诗歌创作的活动，的确很吸引人。渐渐地，它成了古典园林中常见到的景观类别。

今天的兰亭园是在古兰亭遗址上建起的王羲之的纪念园林，进门转过一小土坡，便可见流杯的曲水，临溪有流觞亭。小溪之终点便是当年书法家养鹅观其嬉水的鹅池，一边三柱三角小亭内立着一块巨大石碑，上刻"鹅池"二字，传为当年王羲之所书。这一景区之西，便是布局严整的右军祠，

图 9-16　绍兴兰亭"鹅池"三角碑亭

视觉中国供图

祠中正殿有王羲之像，殿前有墨华池，池中建墨华亭，二侧为碑廊，形成一个古园中较少见的封闭对称式水院，颇显得庄重，与曲水景区的秀媚幽曲形成对比。园内还有造型奇特的兰亭和八角重檐的御碑亭。

在城市园林中找寻一条宜于流觞的曲溪并不容易，所以后来不少园林就结合水景的布局，叠砌弯曲狭小的流水沟涧以供人们游戏。再后来，为了流觞的方便，便将曲水设计得更小，干脆放到建筑中，使流水和建筑亭台完全合并在一起。北宋官方编纂的《营造法式》，还专门收入了不少流觞亭地面曲水的做法，可见当时这一活动的普及。

今天位于北京恭王府花园园门右侧假山旁的流杯亭，以

第九章　诗情、酒趣、茶韵　343

及故宫乾隆花园主建筑古华轩西侧的禊赏亭都是这类将动水引入室内的游赏建筑。它们都有上游水源，以保证流觞活动的进行。流杯亭的水源是假山东南的一口井，需要时可汲水顺槽流下。禊赏亭的水来自衍祺门旁水井边的两口大水缸。当然将自然溪流之曲水改作人工造作的小沟渠，其意境是不可同日而语的，但也从一个侧面反映出古人对园林酒趣的重视。现在有不少园林的流觞亭更是以虚带实，连小沟渠也不做了，唯取其意味而已。

从豫园玉华堂前临水月台西侧小径北望，透过流翠圆月洞门，可见水光山色相互映发，曲桥西边的石矶上立一小亭——流觞亭，这便是豫园的曲水流杯处。水亭娟小，无法开渠，但亭外清流回环，甚得山水之趣。古诗曰："清泉吐翠流，渌醽漂素濑。"据古籍载，魏左相能治美酒，其中最有名的是醽醁和翠涛，这两种酒均为绿色，常盛于大金盏中，其色、其香、其味，令人赞不绝口。试想，这种美酒漂流于清泉之上，人们在如画的名园之中品饮，其诗情定会勃发。以往，每年三月初三，上海的文人骚客均喜集于此亭，仿兰亭故事饮酒赋诗，其乐也融融。

精茗蕴香佐园林

与酒一样，茶既是人们日常生活的必需品，又与我国传统文化有着千丝万缕的联系，堪称华夏文化重要的组成部

图 9-17　上海豫园流觞亭　　　　　　　　　　　　　　　　　　　作者供图

图 9-18　无锡惠山"天下第二泉"　　　　　　　　　　　　　　　　视觉中国供图

分。古代文人雅士所追求的"韵事"——书、画、琴、棋、诗、酒、茶，其殿后者便是茶。传统的茶文化与园林文化关系极为密切，因为烹茶必须用水，古人曾曰："精茗蕴香，借水而发，无水不可与论茶也。"所以茶与水，恰如鱼与水一样密不可分。而最好的煎茶用水每每出自林木葱郁、风景秀丽的山泉，综观江淮以南名山胜水风景之地，几乎处处产名茶，山山有甘泉。这两者交相辉映，使得许多历史悠久的风景园林和茶文化结下了不解之缘。

唐代文人陆羽对茶文化情有独钟，毕生研究全国各风景地的茶和水，被后人尊为"茶圣"。在其所著经典《茶经》中说："其水，用山水上，江水中，井水下。其山水，拣乳泉、石池漫流者上。"山水主要指泉水，由于水长流不断，又经山岩石砾自然过滤，悬浮杂质少，水质清净而甘洌。陆羽之后，研究各地名泉者历朝均有，刘伯刍列全国七大煎茶水品，将镇江金山寺西扬子江中泠泉水推为天下第一泉。之后张又新又把全国宜于煮茶的水分为二十品，以庐山康王谷水帘水为第一，无锡惠山泉为第二。由于无锡惠山地处江南富庶之地，交通方便，游人如织，因而"天下第二泉"声名日著，名士乡贤多在山麓构筑园林，引惠山泉造景烹茶，成为一时之佳话。清乾隆帝酷爱园林，亦好茶。他亲自品评天下之水，以北京西郊玉泉山之玉泉为第一，并亲自建构静明园于玉泉。这些均反映出名山与名水的唇齿关系。

"欲把西湖比西子，从来佳茗似佳人"，这一悬于杭州西湖"柳浪闻莺"附近"藕香居"茶室的楹联，点出了我国著名风景园林与茶的关系。此联为集句联，均取自苏东坡之诗。的确，西湖山水之美，少不了茶文化的点缀和修饰。"山色空蒙雨亦奇"的西湖诸山，到处响着叮叮咚咚的泉水，著名的有三大泉、三小泉。这些名泉均和园林风景妥帖融合在一起，成为人们必游的景点。三大泉之首为虎跑泉，其水从性质很稳定的石英砂岩中渗透出来，内含溶解矿物质很少，水硬度低而略带甜味，特别宜于煮茶品茗。前人曾有"未尝龙虎饮，枉作西湖游"之说，今日去杭州的游人也几乎均要去感受一下"虎跑泉水龙井茶"的魅力。每当人们沿着弯弯曲曲的石板步道从山口缓缓向上，两边茂林修竹道，一侧泉水叮咚而下，未到茶室已然领略到这幽谷景色之美。而一旦坐定边赏景边品茗，审美感受则又更上了一个层次。

　　龙井茶好，水亦美。明人屠隆曾有《龙井茶》诗一首，不但赞茶，更夸水："采取龙井茶，还烹龙井水……一杯入口宿醒解，耳畔飒飒来松风。"龙井水是从石灰岩层面上渗流而来的地下水，为陆羽《茶经》推崇的山泉，用其泡龙井茶，堪称"茶经水品两足佳"，亦是西湖群山游览的一个主题。玉泉亦为三大名泉之一。它并非在坚硬的基岩裂隙中形成的泉，而是在松散砂石层裂隙中的地下水露头而成，不仅水色明净，而且水量大，因而蓄水养鱼，成为著名的观鱼景点。人们凭栏观赏水中锦鳞酣游，又细品名茶之甘美，实是赏景之快事也。

三小泉指冷泉、六一泉和水乐洞泉，均是著名园林景点。如灵隐寺前冷泉，位于绿荫深处山溪边，环境极为清幽恬静而有野趣。泉边点一小亭名冷泉亭，历来是品茗佳处。明人有诗云："汲去煮茶随瓮抱，引来劈木入厨供。涧边亭子无人宿，空使援号昨夜峰。"

无锡西郊惠山，素以泉水著称，故又得惠泉山之名。山中有天下第二泉、龙眼泉等十余处名泉。其中以"天下第二泉"最负盛名，其水甘香重滑，宜于煮茶，以其泡环太湖丘陵地带所产名茶，如洞庭西山碧螺春、宜兴阳羡茶，其味更佳。二泉水到宋徽宗时成为宫廷贡品，水分上、中、下三池，以上池水为最佳。四周有二泉亭、漪澜堂、景徽堂等景点，历来是赏景品茶的好地方。明吴门派画坛领袖文徵明曾作《惠山茶会图》，如实描绘了正德十三年（1518年）清明节，画家偕好友多人游览惠山，于山麓风景佳丽之地饮茶赋诗的情景。图卷以点点惠山峰岳为背景，前边半山碧松之阴有两人对景而谈，一僮仆沿山路而下，茅亭中二人围井栏坐就，茶灶支于几旁，列铜鼎石铫之属，一童子在灶前候汤。整幅作品恬淡典雅而隽秀，体现了作者对园林风景及茶文化的理解和钟爱。画卷前有蔡羽所书《惠山茶会序》，后又汇集当日所作记游之诗若干。犹如当年王羲之书兰亭集会、流觞曲水于茂林修竹之间，而流芳百世一样，这一图卷亦具有较高的艺术和人文价值，它已成为我国古代园林与诗文、绘画、茶艺等传统文化密切关系的重要例证。

茶之所以在园林中特别为士人们所青睐，是因为品茶能使人排除外界干扰，明心见性而进入一种静境，从而使人能更全面地鉴赏园林风景之美。我国古代，静观哲学较为盛行。人们认为天地万物的"有"和"动"，最终都要归复于"虚"和"静"。"静则生慧"，才能更好地观察世界。所谓"万物静观皆自得"，就是要人们保持净洁虚明、清闲无忧的最佳心态。而这种心态的获得，最好的办法是走向自然的山水林泉，走向恬淡的园林，在静的境界中了悟人生。这种静境的获得少不了茶的辅助，这也是历来的先贤、名士、高僧等之所以均是品茶高手的缘由。

受这一哲学思想的影响，我国古典园林的创作和欣赏，亦十分注重静观，有的干脆以静观为主建筑之名，如上海豫园内园的主厅便名之为"静观堂"。再如在古园中游赏时的临流观水、倚栏远眺、亭中小憩、山巅休息等亦均是主静赏。人们循径一路游去，每隔一段距离，总会见到路边筑有一间小亭或一座小轩，而这些让人留坐之处，多有奇巧精美或含蓄的风景可赏，以创造静静观赏的条件，使游人从中获得更多的美的享受。而问泉品茶，则是这种审美享受的催化剂。这种品茗不同于一般的喝茶解渴，而是要利用"通感"

这一审美心理活动，将视觉、听觉、嗅觉、味觉协同起来，以加深对整个园林景色的感受和体会。这和古代茶道特别注重品茶的环境自然美是一致的。

正因为在风景中品茗有如此奇特的功效，故自古好游赏园林及山水者都有茶癖。如茶圣陆羽一生游踪颇广，曾经巴山峡川遍游长江中下游及两淮各地，对浙江的风景名胜最为偏爱，一生中大半时间居住在浙江，曾与诗僧皎然同居吴兴杼山妙喜寺。为了静赏山景，陆羽曾在寺旁建一小亭，当时任湖州刺史的书法家颜真卿题名为"三癸亭"，皎然欣然作诗以和，故时人称此亭为三绝亭，一时传为美谈。后来陆羽迁至东苕溪上游余杭双溪将军山麓，建宅隐居，潜心研究茶事，并凿井得泉，煮沏自种之茶。后人为纪念陆羽在此撰写《茶经》之事，名泉为"苎翁"，列为双溪十景之一，并作诗赞曰："苕溪高隐乐如仙，不爱溪流偏爱泉。汤沸竹炉洗俗虑，令人想见苎翁贤。"

对杭州西湖风景有过很大贡献的白居易和苏轼也都嗜茶。白居易诗集中吟咏品茶的有 30 多首，他自称是善于鉴茶识水的"别茶人"。他不但善饮，而且还种过茶，曾有"药圃茶园为产业，野麋林鹤是交游"之句。他在杭州任内，留恋杭州的湖光山色，又醉迷杭州的香茗甘泉，常邀文人诗僧吟咏品饮。其中与灵隐韬光禅师一起汲泉烹茶之事一直流传至今。苏轼写茶诗则有 60 余首。他任杭州知府时，每游西湖，多以新茗相伴。他特别喜欢产于上天竺白云峰的白云茶，林逋曾有诗云："白云峰下两枪新，腻绿长鲜谷雨春。静试恰如湖上雪，对尝兼忆剡中人。"诗人曾将西湖山水比作西子，又把佳茗比拟佳人。白、苏在杭州的茶事、茶诗，已深深融入园林风景中，长伴着西湖的茶山泉井，成为园林文化和茶文化结合的典型范例。

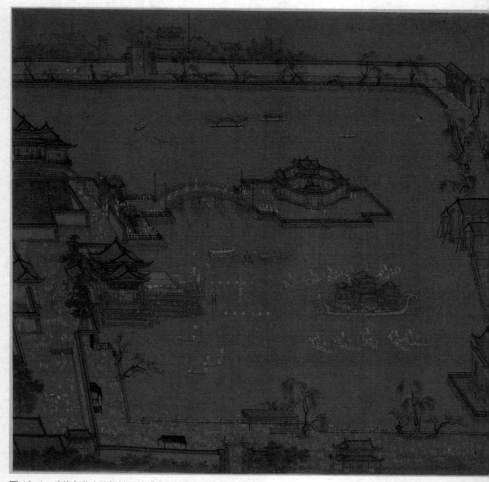

图 10-1 （传）北宋张择端所绘《金明池争标图》

第十章

画意与曲境

与诗酒茶一样，古典园林与绘画艺术和戏曲音乐也有着十分紧密的联系。特别是与描绘风景的传统山水画，更有着割舍不断的亲缘关系。

天然图画

明末造园家计成认为，园林创造的景色要美得如同天然图画一般，他在《园冶·屋宇》中说：

奇亭巧榭，构分红紫之丛；层阁重楼，迥出云霄之上。隐现无穷之态，招摇不尽之春。槛外行云，镜中流水，洗山色之不去，送鹤声之自来。境仿瀛壶，天然图画，意尽林泉之癖，乐余园圃之间。

无独有偶，曹雪芹在《红楼梦》中，借宝玉之口批评"稻香村"故意造作，"非其地而强为其地"，也违背了"天然图画"的四字标准。的确，人们游赏风景，看到妙处，常常会不自禁地赞叹"好像在图画中一般"，不自觉地以绘画的标准来评价园林。这是人们以自己的审美经验自觉养成的一种类比分析，就像看一幅绝好的风景画，会觉得它"像真的一样"，而陶醉其中。

　　"天然图画"的标准实际上包括两个方面，一是园林景色要自然，也就是"虽由人作，宛自天开"；二是园中一山一水、一草一木并不是单纯模仿天然，而要经过造园家艺术旨趣的熔铸，要表现出绘画的美来。对我国古园的这一特点，当代作家、园林鉴赏家叶圣陶先生深有体会，他在《拙政诸园寄深眷》中写道：

　　设计者和匠师们一致追求的是：务必使游览者无论站在哪个点上，眼前总是一幅完美的图画。为了达到这个目的，他们讲究亭、台、榭、轩的布局，讲究假山、池沼的配合，讲究花草树木的映衬，讲究近景远景的层次。总之，一切都要为构成完美的图画而存在，决不容许有欠美伤美的败笔。他们唯愿游览者得到"如在图画中"的实感，而他们的成绩实现了他们的愿望，游览者来到园里，没有一个不心里想着，口头说着"如在图画中"的。

要做到这一点是十分不易的，它首先要求造园设计师胸中自有万千山水，即有扎实的游赏风景的基础。北宋画家郭熙在《林泉高致》中对如何观察自然、理解山水做了较详细的分析。他认为艺术家对自然的认识首先要"博"，即要饱游饫看，多游历范山模水，在博见广闻的基础上再进行比较分析，辨别自然山水的各种形态特征，将它们"历历罗列于胸中"。唯其如此，才能由博返约，自如地应用各种艺术手法，创造出宛自天开的风景画面来。其次，要求造园者具有较高的绘画素养，谙熟山水画的技法和创作规律。这样，在园林布局或者景点设计时，就能处处以绘画的标准来衡量，而使整个园林无处不现出"如在图画中"的美来。

　　综观我国园林发展史，凡是造园大家，往往均具备这两个条件。就说计成吧，他从小就具有绘画天才，在《园冶·自序》中说："不佞少以绘名，性好搜奇，最喜关仝、荆浩笔意，每宗之。游燕及楚，中岁归吴，择居润州。"关仝、荆浩是五代梁时的著名山水画家，计成从小就临摹这二位大家的画，打下了扎实的基础，后来又出游华北及荆襄楚地，一直到中年才回归故里，可谓"饱游饫看"的了，这些与他高超造园技艺的获得是大有关系的。后来，他为晋陵（今常州市）的一位退休官员造园，在布局时以其深厚的绘画修养，别具匠意地提出：

此制不第宜掇石而高，且宜搜土而下，令乔木参差山腰，蟠根嵌石，宛若画意；依水而上，构亭台错落池面，篆壑飞廊，想出意外。

如此宛若画意的章法，受画论的影响是很大的。

再如堆叠豫园大假山的明代造园家张南阳，号山人，自小便随其父学画，成绩斐然，有出蓝之誉。后来他又用山水画的手法去叠假山，随地赋形，千变万化，仿佛自然山林一样。当时与上海豫园一东一西相望的另一座名园——太仓王世贞的弇山园，以及上海日涉园等均由张山人所规划。

明人陈所蕴所写《张山人传》中记他所堆假山"沓拖逶迤，巉嵲嵯峨，顿挫起伏，委宛婆娑，大都转千钧于千仞，犹之片羽尺步，神闲志定……"这种玩千钧山石于掌心的功力，也得力于其自小养成的绘画修养。最为神妙的是传中所写山人指挥工人堆叠假山的组织才能：

（山人）视地之广袤与所衷石之多寡，胸中业具有成山，乃始解衣盘薄，执铁如意指挥群工，群工辐辏，惟山人使，咄嗟指顾间，岩洞溪谷，岑峦梯磴陂坂立具矣。

与"胸有成竹"一样，这种"胸有成山"的功力绝非一日所能养成，必定是广泛游历，"所经之众多，所养之扩充，所览之淳熟，所取之精粹"而后成。

山水画与文人园

园林艺术和山水画均属于传统的以风景为主题的造型艺术，因而关系极为密切。历史上某些成功的绘画及画论对造园活动产生过重要的影响，而一些名园也常常成为绘画的题材。从艺术史的角度看，山水画的发端和文人私家园林的兴起，也差不多在同时，都得力于魏晋南北朝人们山水审美意识的觉醒。

魏晋名士风流的一个重要表现便是耽乐山水林泉，对自然美的游目骋怀和仰观俯察，这在记述晋人轶事的《世说新语》中有很多例子：

顾长康从会稽还。人问山川之美，顾云："千岩竞秀，万壑争流，草木蒙笼其上，若云兴霞蔚。"

王子敬云："从山阴道上行，山川自相映发，使人应接不暇，若秋冬之际，尤难为怀。"

王司州至吴兴印渚中看。叹曰："非唯使人情开涤，亦觉日月清朗。"

这些情趣隽永的文字，充分表明了两晋士人对游赏风景的偏爱，而且业已成为一种时代风尚，也促进了山水绘画和写意园林的形成。

东晋以前，传统绘画一直以人物为主题。到南朝时期，绘画中的风景，已经迈过了纯作为配景的仅有装饰象征意味的古拙阶段，逐步成为绘画的一种题材。当时戴逵、夏侯瞻、宗炳、王微、张僧繇等，都有山水画作。特别是大画家顾恺之，在探索山水画表现上走出了坚实的一步。他所作《女史箴图》之山水配景已具高下曲折之形，而在《画云台山记》中，画家更为详细、具体地表达了其观察风景创作山水画时的一种体验：

西去山别详其远近，发迹东基，转上未半，作紫石如坚云者五六枚，夹冈乘其间而上，使势蜿蟺如龙，因抱峰直顿而上。下作积冈……次复一峰，是石，东邻向者峤峭峰，西连西向之丹崖，下据绝磵。

对危峰绝壁有如此仔细描绘，确实需要较高的欣赏能力，也可看作是园林中假山堆叠的指导。另外，记中对山水画如何置阵布势，如何注意明暗、倒影虚实关系等，也进行了论述。可以说，这一时期，山水画已正式走进了绘画的艺术领域，成为士大夫吟咏性情的一种形式。而此时，抒情写意的文人私园也在江南出现，作为骚人墨客起居卧游、流连风景之处所，两者的功用极为相似。

东晋顾辟疆筑园于苏州，以竹石称誉。《中吴纪闻》载有唐代陆羽咏园诗："辟疆旧林间，怪石纷相向。"东晋会稽王道子营墅筑第，穿池筑山，列树竹木，亦名擅一时。南朝宋戴颙在苏州聚石引水，植林开涧，少时繁密，有若自然。这些取自《晋书》《宋书》的资料，均说明当时的园林建造已蔚然成风。

之后，南朝宋的宗炳写成了历史上第一部风景画论著——《画山水序》，主张山水画必须像真实山水，这样才能代替那些人们不便常去的林泉风景，而供人们随时"披图幽对"，达到畅神的目的。宗炳自己游历极广，每看到好风景，便终日不去。他还是庐山高僧慧远所创建的"莲社"成员，在筑台凿池、修建园林方面也很在行。

南朝梁元帝萧绎也是一位山水家，他在《山水松石格》中认为画要描绘泉源至曲、雾破山明、精蓝观宇等风景。又指出作画先要写真，但又说光形似还不够，还要注入画家自己的情思意蕴，唯其如此，才能体会到"茂林之幽趣，杂草之芳情"。这种既讲形似，又讲寄情传神的观点，在山水画发端时就被明确提出，对古典园林形意合一风格的形成，影响是很大的。今天在江苏常熟虞山山麓还留有萧绎的大哥——昭明太子萧统的读书台，镇江南山风景区亦保留有其编纂文选时的读书遗迹。这两处竹深径幽，乔林泉清，环境很是幽静，可见当时园林选址之妥帖。

在此同时，南朝齐谢赫在《古画品录》中提出了品画六法，是古代第一次对造型艺术审美标准所作的系统论述。其第一法是"气韵生动"，强调艺术品整体形象的内在美，即要充满生气，有强大的感染力，能唤起人们的美感。继而又突出了骨法用笔、经营位置等具体创作方法。这些被誉为"千载不易"的衡量艺术作品优劣的标准，既是后世风景绘画的参考，也是园林艺术创作的依据。

唐代是我国山水画发展的重要阶段，出现了一批杰出的画家如李思训、李昭道、吴道子、王维等，画论也更为完善、严密，山水画已成为国画中很重要的分支，与园林艺术更接近了。

当时，除了长安、洛阳等地的苑囿之外，达官贵人、文人雅士的私园也为数不少。园林的章法、山石的应用、花木之配植等均有新的进步。不少园林以借自然美景为构园的主要立意，因而较多山庄别墅式花园。

对后世影响最大的山居园林是王维的辋川别业。王维是唐代著名的田园诗人，也是大画家。他的诗大多描绘山水景色，而他的画也是"云峰石色，绝迹天机"，被人尊为泼墨写意山水的创始人。苏东坡曾说过，读了王维的诗，好像觉得诗中有画；而看王维的画，则又能感到浓郁的诗意。"诗

图 10-2　清代王原祁所绘王维辋川别业中鹿柴的美景

中有画，画中有诗"，是十分难得的评价。这位诗画双绝的
名士晚年自己构筑园林，以深厚的修养和高超的技艺创造出
一所后世文人筑园的楷模——辋川别业。

　　陕西蓝田县终南山下，风景秀丽，层峦叠翠。由于这里
离京师长安不远，所以不少官员文士均在此觅地建造庄园。
王维经过了安史之乱的动荡，晚年在辋川过着亦隐亦官的悠
闲生活。王维还将辋川景描绘成图，据说图中"山谷郁郁盘
盘，云水飞动，意出尘外，怪生笔端"，成为后世画家争相
临摹的名作，明代仇英、清初王原祁等均有辋川图传世。王
维在游赏园林的同时，又题咏各处景点，汇成一部著名的山
水田园诗集——《辋川集》，使传统的诗、画、园三艺融为

一体，成为我国文化史上的一段佳话。

北宋设立画院，朝廷也以画取士，这在一定程度上推动了绘画的发展。当时的山水花鸟流行写实的画法，像画院高手王希孟所作的《千里江山图》、张择端所作的《金明池争标图》等均很真实地描绘了我国的山河风景及园林。这些风景画，已带有某些界画的风格：画法工整，能实际反映建筑的形象和园林布局，对一些园林建筑格式的流传（如亭台楼阁、勾栏门窗等）有很大帮助。

与画院倡导的力求形似的写实画风不同，苏轼、文同等主张绘画最重要的是气韵，要以写意为主。后人评他们的画

图 10-3　北宋王希孟所绘《千里江山图》（局部）

是"以笔情墨趣为高逸，以简易幽淡为神妙，笔法挥洒淋漓，寓意深沉"，开创了绘画史上"文人画派"的先河。他们的风景画的主题多为园林小景，几竿摇碧、几叶素兰、几座石峰，笔简意赅。这种笔越简气越壮，景愈少意愈浓的艺术思想对后来的造园艺术甚有影响。明清两朝，不少造园家提出要"裁除旧套""时遵雅朴"（计成《园冶》），要"大中见小，小中见大，虚中有实，实中有虚"（沈复《浮生六记》）等主张，明显是从文人画的意趣来的。

靖康之变以后，江南园林有增无减，苏杭一带名园都依市廛，京都临安，湖光山色，蔚为园林之中心，据《湖山

胜概》所记，名园不下四五十家。这些园林，叠山技巧已有很大进步，数丈假山具峰峦回抱、洞壑幽深之意趣，它们只取真山水精华的局部和一角，经过艺术意念的熔铸再现于园中。南宋四大家之一的马远，作画也喜表现山水的局部，其构图也只占画幅之一角，素有"马一角"之称。这看来似是巧合，但也不失为园与画二艺相通的旁证。

明清是山水画和风景小品（花木竹石图）发展的高潮，也是园林艺术从理论到实践均臻至成熟的时期，两门艺术相辅相成，交相辉映。当时江浙一带，是吴门派、浙派，及金陵、虞山、娄东、云间、扬州等派系的主要活动之地，这里也是造园活动最为密集的地区。

苏州是吴门画派的故乡，画坛盟主文徵明酷好园林，参加了不少造园活动。明嘉靖初，王献臣于荒废之大明寺故址筑拙政园，曾邀文参加规划布局，其后画家又数次以园景作画，其中1533年绘的"拙政园三十一景"为古代园林实景描摹之精品。1836年，戴熙又将文徵明所绘各景综合成一幅画，也是园林与绘画史上的一桩趣事。现文徵明手植紫藤还保留在园内。

另一位吴门派大家仇英曾多次将名园想象成图，如晋石崇之金谷园、宋司马光之独乐园等，于此也反映了画家胸中造园修养之深湛。而今苏州留存有大小园林近一百处，均构筑或重修于明清，这和城中画家萃集、市民艺术素养较高也

图 10-4　明代文徵明所绘拙政园三十一景之"小沧浪"

不无关系。

笪重光是清初著名绘画理论家，他与名画家恽格、王翚为至交，三人均有林泉之癖。恽格曾跋画云："千顷琅玕，三间草屋，吾意中所有，愿与赏心共之。"留存至今的常州长春巷近园，便是他们当年造园活动留下的遗韵。近园是江南现存的一座清初继承晚明风格的古园。其占地不大，但布局则曲尽画理，映水叠山、石峦花径及建筑亭阁，均楚楚有致。花园以水池及湖石假山为中心，主厅为西野草堂，沿池构得月轩、秋水亭、三梧亭，复有旱舟容膝居，假山环于水中，滨水构垂纶洞，将渔钓与山水洞穴组为一景，亦是江南园林的孤例。

近园原为江南名士杨兆鲁所筑，他在《遂初堂文集》中说："自抱疴归来，于注经堂后买废地六七亩，经营相度，历五年于兹，近似乎园，故题曰近园。"杨兆鲁与笪重光为同科进士，友情极笃，与恽、王二人亦善。当年构园时曾得到笪等三人策划帮助，园成后，他们又常聚园中吟诗作画，王翚曾有近园图传世，实为画家、画论家合作构园的又一佳例。

苑囿花园规模大、景致多，有的甚至直接搬抄当时江南名园胜景，更少不了画家的帮助。据记载，在清廷如意馆供职的一些画家均直接参加了苑囿的设计，如畅春园是江南籍山水画家叶洮主持规划、清初叠山名家张涟之子张然主叠石。园成之后，依园景描摹成图又成了这些宫廷画家的职责，传世的"圆明园四十景""避暑山庄七十二景"图便是这样画成的。连当时来中国传教的少数几个西洋画家如蒋友仁、郎世宁等也参加了圆明园等的绘制设计工作。可以说，这些大型园林是画家和造园家共同的智慧结晶。

明代画家董其昌曾把山水画分作"南宗"和"北宗"，前者主要是指王维开创的写意水墨山水一派，后者则是指李思训父子创造的"金碧山水"画风。按其形象特征来看，我国古园基本上也可有北南之分。皇家的宫苑园林建筑宏伟、装修华丽，甚至有像北海的五彩琉璃九龙壁出现，当无愧于金碧山水的称号。

颐和园玉澜堂的西配殿——"藕香榭"，是观赏万寿山前山风景最好的观景点之一。眺望西北，但见排云殿、佛香阁建筑群由湖边一直斜上山去，其各色琉璃顶在苍郁的山色之中显得格外金碧辉煌。因而殿中悬一联：

台榭参差金碧里，
烟霞舒卷画图中。

此联实为所见园景山水图画的最好题款。当年圆明园中"蓬岛瑶台"一景，也是仿照李思训的山水画意来设计的。

江南文人园林，色彩淡雅，基本上是白墙青瓦、栗色门窗，其构景主要讲究意趣，和绘画南宗的风格甚相吻合。当年古人的咏园诗中，便有"西园花更好，画本仿南宗"之句，足见造园家受绘画南、北宗理论影响之深。

画家造园林

倪瓒，字元镇，号云林，是元代四大画家之一，他主张绘画要写出胸中之逸气，擅长表现疏木平林、村野田园那种孤寂的无人之境，对我国山水写意画的发展有过很大贡献。同时，他又是一位著名的造园家，自小对园林便有深厚的感情。他于23岁时创作的《西园图》，被时人誉为异品，后来又帮助高僧维则在苏州构筑狮子林，成功地将其绘画风格应用于园林，创造了富有静逸之气的城市山林。而他在自己故里（今无锡市东八公里处的大厦村）建的清閟阁，更是凝集了画家毕生的精力。

清閟阁约建于1333年，是年画家32岁，正是他一生中生活条件优裕、诗画上也取得一定成就之时。他为了避开当时社会南人受歧视的政治现实，满足自己山水林泉之美和优裕的物质生活享受，也为了纵情于绘画艺术的探索和追求，以寄寓高尚的情操和理想，在自己住宅旁掇山理水、植木栽花、建构亭台，将胸中勃发的意念转化为立体的画卷。花园占地约九十亩（0.06平方千米），地处吼山、鸿山和芙蓉山之间的平地，东边与梁代古刹祇陀寺接邻。三山虽为低矮之小山包，但在一派田园风光的江南水乡，也不失为很好的借景。

倪瓒重视名节，不满元代异族的统治，一生不愿为官，"生不为王门画师""足迹不入贵人之门"，视权势富贵为浮云。他曾自号"萧闲仙卿""沧浪漫士""净名居士"等。清閟阁的园名取自唐代韩愈"笋添南阶竹，日日成清閟"之句，可见其对清静幽深的隐逸生活之喜爱。

清閟阁为平地造园，在地形上无所凭借，仅在西北垒以土岭，形成东南低、西北高的起伏地形。画家将重点放在山景的塑造上：西北土岭之下，为中心水池"广沼"，西连"曲沼"，北有小溪，随势而曲折向外展开，与花园四周的环河相接。环河较宽，中间堆以土岗，形成一岗二水围绕，以代替围墙。河西北与乡间水网沟通，活水清流源源入园，增添了园景的生气。以河代墙，为江南村野园林常用之手法，虽然看起来似乎稍微呆板，但由于园内外山水映连，林木葱葱，形成了"树水萦洄而迤逦"的景观效果，使园林现出天然之趣，显出了画家造园之才干。

为了"擅清閟之幽深"，花园着重于绿化的渲染和植物造景。园周围环岗遍植梧、松，形成"浓荫匝十里，四周烟翠连"的环境气氛。园内设置了碧梧岗、梨花雪林、水竹幽居、听秋轩等植物景致，还广栽菊、梅，届时，"九秋逸品篱边菊，一种清香岭上梅"，极为诱人。

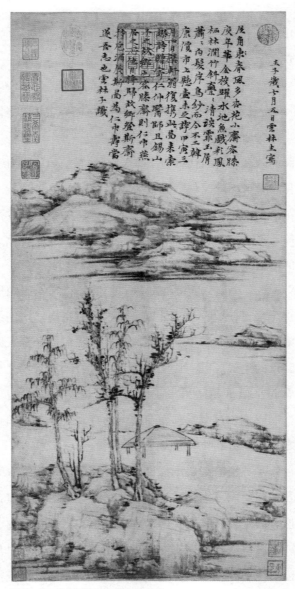

图 10-5　元代倪瓒所绘《容膝斋图》

画家还十分宝贵古木景，如萧闲馆内的古松、朱阳馆的古梧桐、洗马池周的古柏等，使园景显得古木婆娑、清影绰约，置身其间，但觉一片生机、满目清凉，极富山林野趣。这种风格与画家在绘画艺术上清丽旷逸的追求是分不开的。因此，园中主厅名为"云林草堂"，倪瓒也自号"云林"，均表达了对"林深不知处"清閟幽静的向往。

　　由于园内外绿树浓密，眺望远景便不甚畅达，为了弥补这一不足，园内修了一座方形塔式的三层楼阁——清閟阁。阁在云林草堂西北的水池南岸，这里"位扼形势，总揽胜状"，建筑"钜丽而虚朗，幽邃而轩豁"，阁外"碧梧百树，苔藓盈庭，浑如绿罽（音计，即毛毯）"。南向白色门扇两旁挂着一联："萝挂楼台扶客上，鸟鸣窗牖唤人来"，是学士王彝尊所题。阁中青色毡毯铺地，入内需换鞋，登楼启窗四眺，近水远山如入几席，园内诸景悉呈眼前。

　　阁内又收藏了三代彝鼎、古琴珍玩以及各类古籍图书，尤为珍贵的是藏有历代名画名书法数百幅，致使这座名阁声名大振。除画家和几个好友外，不少以重礼求游者均被拒之门外，这也使得倪云林迂疏傲世的名声更大。

　　倪瓒爱洁成癖，为了不使花瓣落地遭到玷污，在云林草堂前密栽各式花卉的花坛中铺设了白色瓷砖，每当下雨或浇花，落花便在瓷砖上顺水漂下，他自己则在一旁"以长竿粘取，恐人足侵污也"。爱花、惜花到这一程度，也是画家迂疏性格的一种表现。当年他就在这样悠闲美丽的环境中隐居了大半生，时人均当他为世外人，"所居有阁，名清閟，幽迥绝尘……每雨止风收，杖履自随，逍遥容与，咏歌以娱，望之者，识其为世外人也。"

由于画家出手慷慨，又不善理财，加之元统治者的迫害，家道很快中落。53岁时，他偕生母、妻子避居太湖之滨，清閟阁也很快荒芜了。

"逸品番夷重，芳名妇孺知。"然而，随着画家画幅诗作的传世，清閟阁这座一代名园还时时被后世文人所歌吟和描绘。

据明清笔记所载，两朝画家亲自点石栽花、区划园林的也不在少数，留至今日的大家手笔主要有绍兴的青藤书屋和扬州的片石山房。

青藤书屋在绍兴市前观巷大乘弄，是由明代大书画家徐渭故居改建而成的小型纪念性园林。徐渭字文长，号青藤道士、天池山人，是明代富有革新精神的画坛怪杰。他擅长花鸟竹石，用笔放纵，水墨淋漓，人称大写意花鸟画的创始人。他的故居明末曾被另一善画人物的大画家陈洪绶借居，一座小园联结着两位大家，其旨趣更浓。

从朴素的大门入内，但见一座假山依壁而立，周围翠竹岚岚。山后墙上嵌徐渭手书"自在岩"刻石一方。步过一小庭，穿一月洞门便是书屋，系一石柱砖墙木格直棂窗平房，具有

10-6　绍兴青藤书屋"自在岩"

10-7　绍兴青藤书屋中的青藤

典型的明代民居风格。书屋有两室，前室南向，正对一小天井，窗下为石砌八尺见方的小水池，围以文石栏杆，池中立一方柱，上刻徐渭手书"砥柱中流"四字。池西靠墙，栽有青藤一株，原为画家童年时所栽，园名亦由此而得（原古藤已死，现为后世补栽的）。屋中复悬有徐渭和陈洪绶的字匾数方。整个小园笔墨无多，但景少而意浓，笔简而气壮，反映出画家淡雅俭朴的情趣。

说到传统绘画，没有不知道石涛和尚的。他所画的山水、兰竹、花果和人物，笔墨恣肆，讲究独创，构图极有变化，意境苍莽新奇。石涛不仅是我国清初画坛上的一代巨匠，而且还是一位造园和叠石好手。他41岁结束造访名山、云游四方、"搜尽奇峰打草稿"的浪迹生涯，寓居扬州，一直到亡故。在此期间，他在扬州造了"万石园"和"片石山房"两处园林。前者早已毁圮，遗迹难寻，而后者的部分假山和楠木厅还一直保留着，在修复整饬后，已经划入近旁的何园。作为名家造园的大手笔，此园得以保存并对公众开放，并在造园史上留下宝贵的一页。

四边水色茫无际，别有寻思不在鱼。
莫谓此中天地小，卷舒收放卓然庐。

这是石涛59岁所作《卓然庐图轴》上的题画诗。据传，

图 10-8 扬州寄啸山庄片石山房的假山

此图为石涛居片石山房时所作，题诗恰好道出了山房小园的主题意境。山房是以水为中心的小园，清池占据了花园北部的极大部分。池南，一大一小两座建筑参差肩立。从水池分出的一支小溪流入二厅间，形成一别致的水院，溪上架一石板小桥，实是观鱼静思的好地方。东首大厅为楠木厅，厅旁东壁镶有"片石山房"四字横排石刻一块，轩廊前隙地上，植竹数竿，复有琴台一座，正对池北高岑，似寄高山仰止之情。

池北倚墙立有湖石假山一座，与厅堂隔水相对。山高五六丈，甚为奇峭，而其主峰矗立耸秀，玲珑夭矫，这就是被誉为石涛叠山之"人间孤本"的片石山房假山。石涛以其精湛的技艺，将大小不同的石块，按石质纹理的横直分别叠成绝壁悬崖。整座倚壁山有胎有骨，有形有势，有正有侧，有虚有实，有层次，有呼应，体现了画家在《苦瓜和尚画语录》中阐明的"峰与皴合，皴自峰生"以及"尽其灵而足其神"的画理，促成了"一峰突起，连冈断堑，变幻顷刻，似续不续"的气势，重现了天地间的精华。

据考证，这座假山的主峰，同石涛50岁所作的《醉吟图轴》之主峰颇为相像，很可能画家是先逸笔草草勾勒出峰峦的意境，然后再叠石筑山，于此也可看出山水画和园林之间的血缘关系。片石山房布局章法的成功，以及假山景致的艺术感染力，与画家胸中罗列的天下奇峰以及他几十年艺术的磨炼是分不开的。

今天，人们翻开他留下的有关作画心得体会的《画语录》，仍然会为他精深的论述所折服。书中有不少章节讲述了如何把握山川林木之美，如何描摹山岭、蹊径、林木、溪瀑等，对造园艺术均有着直接的指导作用。例如，书中所说对不同的山峰因其"具状不等，故皴法自别"，这和园林艺术中"分峰用石"的理论是同出一源的。书中还强调了风景艺术中"对景不对山，对山不对景，倒景，借景，截断，险峻"等许多理论和技法，也一直为造园家们所借鉴。

山水有清音

我国古代有着欣赏自然风景美的悠久传统，人们很早就发现了山水林木的自然声响和人的听觉之间有着一种天生的默契，这种默契便是人们在自然天籁的包围之中感到舒适愉快的主要原因。因此，以"曲"来仿拟、表现山水林泉之美，由来已久。春秋时期的音乐家俞伯牙就能自如地在琴上弹奏出"巍巍乎志在高山，洋洋乎志在流水"的曲调，他和钟子期在自然美景中以琴声觅知音，建立了友谊，终于结成生死之交的故事，成为流传千古的佳话。

"何必丝与竹，山水有清音。"西晋诗人左思的这一名句更是形象描绘了自然乐曲的美，古代造园家在塑造风景的同时，也努力将富有魅力的"高山之声，流水之音"作为园景的一部分来表现，像上文介绍的杭州南高峰下烟霞岭的山乐洞、无锡寄畅园的八音涧、北京颐和园的玉琴峡、承德避暑山庄的风泉清听等，都是结合风景模拟自然声乐的佳例。在古人看来，这种边观景、边听声是欣赏山水园林风景的最好办法，久而久之，也形成了古代士人在风景观赏空间内将视觉和听觉结合起来，使之互参互补的审美传统。

这一赏景听音的传统，还影响了绘画的欣赏。《宋书·宗炳传》记宗炳凡外出游历见好景，均描绘成图，挂于厅堂之内，并对人说："抚琴动操，欲令众山皆响。"在《画山水序》中，他又论道："闲居理气，拂觞鸣琴，披图幽对，坐究四荒。"将琴、曲同山水画的观赏也联系了起来。这些理论，对后世园林中配以琴、曲、景观的做法，有着不可小看的影响。

唐代对外交流极其频繁，海外、西域的音乐歌舞纷纷传入我国，形成一个音乐曲艺繁荣发展的时期。除了帝王的离宫别院中时时有乐器弹奏和歌舞表演外，一般士大夫文人的私园中也以音乐作为赏景的辅佐，每每设置琴室或琴亭，透出丝丝的琴韵。

诗人白居易深谙音律，喜听各种乐器演奏乐曲，在长诗《琵琶行》中很入神地摹写了曲调声音的美妙："嘈嘈切切错杂弹，大珠小珠落玉盘。间关莺语花底滑，幽咽泉流冰下难。"诗人自己也擅长奏琴，在他洛阳履道里的宅园中，水池西边就筑有琴亭，因为"无琴酒不能娱也"。在《池上篇序》的最后部分，诗人重点突出了园林的琴韵和曲趣，很入情地描写了自己一边赏月、一边听乐童演奏《霓裳羽衣曲》的感受：

每至池风春，池月秋，水香莲开之旦，露清鹤唳之夕，拂杨石，举陈酒，援崔琴，弹《秋思》，颓然自适，不知其他。酒酣琴罢，又命乐童登中岛亭，合奏《霓裳散序》，声随风飘，或凝或散，悠扬于竹烟波月之际者久之，曲未竟，而乐天陶然石上矣。

这是一幅多么悠闲自得的图景。先是自己操琴，继而再欣赏别人演奏的音乐。如此景、曲交融的园林境界，确实令人陶醉。

对于妙解音律的诗人来说，这种以琴酒自娱，耽乐丘壑的生活方式是完美无缺的。同时，也从一个侧面反映了他不趋权贵、不入深山的朝隐思想。诗人在《闲题家池寄王屋张道士》中说出了其中的道理："进不趋要路，退不入深山。深山太濩落，要路多险艰。不如家池上，乐逸无忧患。……富者我不顾，贵者我不攀。"而琴作为古代最重要的一件乐器，被士人认为是正宗的雅乐，据嵇康的《琴赋》说，它"可以导养神气，宣和情志，处穷独而不闷"，因而是有归隐思想的文人雅士不可少的伴侣。

古琴弹奏要求清、幽、雅、洁的环境和古、淡、静、闲的心境，这与古园创造的风景环境和它所要求的观赏心境较为吻合。古人杨表正《弹琴杂说》说：

凡鼓琴，必择净室高堂，或升层楼之上，或于林石之间，或登山巅，或游水湄，或观宇中，值二气高明之时，清风明月之夜，焚香净室，坐定，心不外驰，气血和平，方与神合灵，与道合妙。如不遇知音，宁对清风明月，苍松怪石……是为自得其乐也。

这里，或高堂或静室，或山水林石间，或清风明月夜，均以园林风景中为最佳，这也是士大夫文人均喜筑琴台、琴亭和琴室于园中的缘由。

在留存的古园中，以琴作为风景主题的有保定莲花池的响琴榭和听琴楼、苏州网师园的琴室、苏州怡园的石听琴室、南翔古猗园的五老听琴和微音阁、如皋水绘园的董小宛琴台、广东可园的绿绮楼。这股琴风也刮到皇家苑囿中，像圆明园原有委怀琴书、琴趣轩和琴清斋等景，香山有韵琴斋。通过琴，园林和音乐这两大传统艺术紧紧结合在了一起。

今日古园中，最引起人兴趣的琴景是水绘园的琴台，据说这是当年董小宛操琴处。近年来，以清初宫廷为背景的小说广为流传，顺治皇帝为董小宛出家五台山的故事几乎是老少皆知，董小宛这位金陵名妓的知名度也越来越高。实际上，这是小说家据民间误传经艺术加工而成的。据史实，董小宛未曾进过宫，她在遇到冒辟疆后因爱其才，坚欲委身，明亡前一年，与冒同归故里如皋，隐于水绘园中。清兵南下，夫妻双双渡江避难，辗转于离乱之间达九年，后因颠簸劳累致病，卒于 1651 年，年仅 27 岁。

水绘园在江苏如皋县城东北隅中祥寺与伏海寺之间。清人陈其年《水绘园记》中点出了园名的由来："水绘之义者，会也。南北东西皆水绘其中，林峦葩卉，块圠掩映，若绘画然。"明末水绘园最盛时，占地百亩，四面环水。园内河池

图 10-9 北京香山静宜园韵琴斋

图 10-10 如皋水绘园镜阁，阁中陈列古琴台一座，相传为董小宛抚琴处

纵横，咸汇注于洗钵池中。又积土为山，临溪架桥，傍水建榭，加上滨水嘉木成荫，芙蓉夹岸，真景与涵水之虚影相辉映，极有艺术魅力。园中主要有长堤垂柳、妙隐香林、小浯溪、洗钵池、枕烟亭、寒碧堂、烟波玉亭、镜阁、碧落庐等著名景点。当时天下名士如董其昌、吴伟业、陈维崧、汪琬、陈继儒等曾先后寓寄园中，谈古论今，诗文唱和，曾有诗文《同人集》刊行于世。

现在花园的格局，为1758年由盐使汪之珩主持重修，基本上保留了明代的风格。主体建筑水明楼，实是一组水上院落，前有"前轩"和"中轩"两座面东小厅，南向联有旱船，后又有楼厅，下悬"水明楼"匾额。建筑间通有曲桥画廊，绕以水花墙，院内点石栽花，明净雅洁，合着倒影，使人顿起"笙歌归院落，灯火下楼台"的联想。

滨水的前轩，小巧雅静，相传便是当年董小宛抚琴之处，故游人亦称前轩为琴台。内置古琴台一座，长约五尺，宽一尺五寸，厚八寸，瓦制而中空，琴置台上，玎玎共鸣声，可谓绕梁三日不绝。游人至此，均会遥想那阳春三月、风和日丽之日，这位姑苏才女、金陵名妓端坐在洗钵池畔的月台上，凝思敛神，一边手抚玉弦，一边低眸吟唱：

病眼看花愁思深，幽窗独坐抚瑶琴。

黄鹂亦似知人意，柳外时时弄好音。

这首诗如今就张挂在前轩中，供人玩味品赏，发思古之幽情。

还有不少置有琴室的园林，其主人并不精于琴艺，此时的琴每每化作一种富有象征意味的景致。园中置琴，并不在于它的弦上音响效果，而是在于其中之韵趣。这种以虚带实的园景构思，乃是古典园林设计的一大传统。

苏州怡园有一处联立的以琴为主题的景点，内室为坡仙琴馆，是抚琴缅怀苏东坡之处，外边即是石听琴室。轩窗外的翠竹丛中，立着数块伛偻丑石，似乎在侧耳聆听着悠扬琴声。这里并没有真正的琴音琤琤，顽石也不能感觉到任何声响，但其虚含的意蕴很清楚，即将翠竹奇石视作知音，寄寓着较深的情意。

无独有偶，上海嘉定南翔的古猗园，也有一组奇石与琴相关联。在园中主要厅堂——楠木厅逸野堂正北浓荫中，有五座顽拙的太湖石峰一字排开，峰前正中，置放有一琴形石桌。峰石高矮倚正，姿态各不相当，但其意似乎均在琴上，故题名为"五老操琴"。这里，顽石不只是听了，还直接参加到文人高雅的韵事中来。为了与这一琴石景相呼应，园内在梅花厅之北，还建造了一座"微音阁"。据传，昔日登阁眺望这琴旁五老峰，仿佛有琴声隐约可闻，故名"微音"，成为江南园林中特有的建筑与奇石相对顾盼的琴音景致。

园曲双绝的大家

古园谈曲，不可不提清初艺坛上的怪才李渔。在我国戏曲史和园林史上，李渔堪称开创一代风流的大家，对后世的影响很大。

"山麓新开一草堂，容身小屋及肩墙。""门开绿水桥通野，灶近清流竹引泉。"这是李渔早年为其故乡伊山脚下朴素村宅园林所题的几句诗。在那以后，他毕生重视园林和戏曲艺术活动。在论著《闲情偶寄》中，他对自己的评价是："生平有两绝技……一则辨审音乐，一则置造园亭。"这一说法丝毫也不过分，他带有传奇性的漂泊生涯实际上就是园林和戏曲之间亲密相通的历史佳话。

李渔，号笠翁。他的别号很多，如随庵主人、新亭樵客、澹慧居士、湖上笠翁等，这些别号几乎都与园林风景有关。李渔出生在浙西古城兰溪西乡的伊山头村（下李村），这里山林葱翠，溪流潺潺，乌桕成林，是大自然造就的一所天然园林，而建筑、小巷至今还保留着明清时期的古朴风采。

李渔家境清贫，童年便随父出外谋生，曾在雉皋（今江苏如皋）一家药铺当过学徒，19 岁丧父后才回故里。他自小聪明好学，读诗书，习药医，涉猎甚广。据《光绪兰溪县志》载，他"童时以五经受知学使者，补博士弟子员，少壮擅诗、古文词"，素有才子之称。25 岁那年（崇祯八年），李渔赴金华府应童子试，深得浙江学政之奖誉，27 岁入府庠。但之后便考运不佳，连续几次均落第。

1646 年，清兵攻占兰溪，李渔已 35 岁。他不愿为清王朝效劳，于是离开府庠，返乡去做个"人间识字农"。在亲友帮助下，他在伊山之麓开地筑园，取名为"伊山别业"。小园十分简陋，仅有容身草屋和低矮的墙垣，但充分利用了周围的自然环境美，并采用当地的茅草、青竹等材料来构景，十分简淡朴素。园景虽简，但李渔给它们取了许多富有诗意的美名，如燕又堂、停舸、宛转桥、宛在亭、打果轩、迂径、蟾影口、来泉灶等，诗文传出，士人们还以为是有钱人家的花园呢！

后来，他为了替村民乡里调解一起山林纠纷，得罪了权贵，不得不披蓑衣、戴斗笠，乔扮成渔翁，离开家乡，从此开始了浪迹天涯的生活，这也是他自号"湖上笠翁"的由来。

李渔旅居杭州时，曾以刻字卖文为生，闲时游山玩水，交往名士，与当时毛先舒、丁澎等"西泠十子"交往甚密。后来他又去了北京，做了贾胶侯府上的幕僚，并为贾府营建半亩园。其中，李渔所堆假山，结合平台曲室和山水造景，甚得旷如奥如之趣，被誉为京师之冠，其部分一直保留到现在。据清代《天咫偶闻》《燕都名园录》等记载，"半亩园纯以结构曲折、铺陈古雅见长，富丽而有书卷气，故不易得。"可见此时他的造园技艺已有大家之风范。

50 岁左右，笠翁又移家金陵，购得一地作居家小园，

"地止一丘，故名'芥子'，状其微也"。同时又开有芥子园书肆，花园和书肆大概是连在一起的。芥子园所印的书画均很精美，著名的《芥子园画谱》（初集），就是在此印制的，也使这一小园声名日著。

在这段时间内，李渔也和其他骚人墨客一样，经常到各地达官贵人府上做幕僚或清客（这种称作"打秋风"的游食豪门是明末清初的一种社会风气）。有时还为其主人组织戏班子，到各地献艺。利用这个机会，他走访了许多风景名胜，到过相当于今天的浙江、江苏、安徽、湖北、河南、陕西、山西、甘肃、江西、福建、广东等地，笠翁自述是"三分天下，几遍其二"。

1677年，67岁的笠翁又从金陵移家杭州。在浙中朋友的帮助下，他买下了湖滨云居山麓张侍卫的旧宅，重加修整，题为"层园"，因园宅建在坡地上，由下至上分为数级而得名。自那以后李渔一直隐于层园中度晚年，他曾自撰两联，其一曰"东坡凭几唤，西子对门居"，说的是花园环境之优胜；其二挂于居室："繁冗驱人，旧业尽抛尘市里；湖山招我，全家移入画图中"，表示要远离廛市，终身隐于湖山中。

李渔一生著述颇丰，除了许多戏曲本子和小说之外，他把半生漂泊江湖的艺术创作心得，整理成一部理论杂著《闲情偶寄》，对我国传统戏剧和园林艺术提出了许多独特的见解。笠翁自觉这些论说是前无先例的独家之言，又将此书所属文集题作《笠翁一家言》，于此也可见李渔在艺术上的自信和傲气。

《闲情偶寄》所论主要关于戏曲和园林，其中《词曲部》和《演习部》对戏曲的结构、词采、音律、宾白、科诨、格局等进行了系统的论述，《居室部》和《器玩部》则对房舍、窗棂、墙壁、对联匾额、假山石峰、借景对景以及家具几案陈设等作了周到的阐述。从这些论说中，很容易看到戏曲和园林在艺术原则上的相通之处。

园林讲究布局结构，戏曲亦然。李渔在论曲时，专门立了一节——"结构第一"。他以匠师建造宅园为例，说在未开工"基址初平、间架未立"的时候，必定先要筹划"何处建厅，何方开户，栋需何木，梁用何材，必俟成局了然，始可挥斤运斧"。而编戏曲传奇也"不宜卒急拈毫"，而先要仔细安排故事发展的结构，只有"袖手于前，始能疾书于后。有奇事，方有奇文"。李渔认为，戏曲结构也要像园林一样，布置得曲折幽深，直露中要有迂回，舒徐处要见起伏。这就是"水穷山尽之处，偏宜突起波澜。或先惊而后喜，或始疑而终信，或喜极信极而反致惊疑，务使一折之中，七情俱备，始为到底不懈之笔"。

园林风景要自然富有天趣，戏曲艺术也强调"自然纯真"的美。李渔在《窥词管见》中说，词曲"须要自然而然，水到渠成，非由车辐。最忌无因而至，突如其来，与勉强生情，拉成一处"。这和明代造园家计成批评园林堆假山故弄奇巧"排如炉烛花瓶，列似刀山剑树"的"无因而至"做法，是同出一辙的。笠翁在整个曲论和园论中，也都强调构思要不落窠臼，但又不能荒唐怪异，而是要符合人情物理，即"虽贵新奇，亦须新而妥，奇而确，妥与确，总不越一理字"。

李渔造园"新而妥，奇而确"的代表是他论述园林景窗时设计的便面窗（扇形的空窗）和尺幅窗（方形或矩形之空窗）。他认为，这些空窗中映出的室外园林小景，便是一幅幅活泼多变的扇面山水或尺幅竹石小品。他分析道："同一物也，同一事也，此窗未设以前，仅作事物观。一有此窗，则不烦指点，人人俱作画图观矣。"就是说，经过造园家的艺术加工和取舍之后，一般的构园景物便具有了画意。这时，窗非仅是透光看景的建筑构件，而是成了点染勾勒风景的重要部分，"坐而观之，则窗非窗也，画也。山非屋后之山，即画上之山也"。这样的窗景，可谓标新中不失自然，立异时还求物理。

此外，李渔还十分重视艺术意境。在谈到戏曲中情与景的关系时，他认为只有景与情的结合才能组成完美的艺术整体，那种单纯写景"见其止书所见，不及中情者，有十分佳处，只好算得五分"，而那些妙在即景生情的曲本，才能抓住观众。这里，李渔也是强调情景交融，可见曲境也好，园境也好，都是通过艺术形象来引发观赏者的情思活动，产生共鸣而形成一种物我同一的境界的。

明清以来，不少文人在品评园林艺术的高下时，往往在诗情、画意之外，还加上一个曲境，足见戏曲艺术意境对园林之影响。

园中曲，曲中园

"声色苑囿"四字是古代史学家论及前朝昏君奢靡淫乐生活常用的评语。声色主要指美女如云的音乐歌舞表演，苑囿则是指表演的如画环境。因此，自古曲艺演出便和园林有联系，园林艺术所创造的浓荫绿水、花木竹石是顾曲演剧最理想的场所。而戏曲作为传统大众文艺的载体，也会将人们生活的理想场所——园林——演绎到故事中。

除了皇家园林外，一般官僚文人的花园，像《红楼梦》大观园那样，养着戏班子，随时可演唱的事情，在园林史上也是有的。例如晚明无锡惠山之麓的愚公谷，是因接受馈赠而被罢官的邹迪光的花园。邹家底富厚，在湖广提学使任上又刮了不少钱财，因而花园造得十分华丽，光演戏班子就养着两个，可以想见园中声色之事的奢华。也难怪张岱要在《陶庵梦忆》中说："愚公先生交游遍天下，名公巨卿多就之。歌儿舞女、绮席华筵、诗文字画，无不虚往实归。"罢职归里的士大夫如此耽乐声色、恋情戏曲，并不多见。他的梨园和花园堪称双绝，在当时江南一带传名甚广。

　　扬州园林风韵独特，既是古时文人墨客集会吟咏之地，又是他们顾曲雅玩的场所。清人李斗《扬州画舫录》记载，在乾嘉盛世的几十年中，扬州园林常常举行诗文顾曲之会。其中尤以马氏"小玲珑山馆"、程氏"筱园"和郑氏"休园"为最盛。每当诗文会期，园中厅堂中陈几设案，上面放了笔、墨、端砚、笺纸和象牙做的诗牌韵脚，还备了茶壶茶碗、果盒甜食等，供与会文友构思作诗。会期内，园主人还要采办珍美菜肴，置酒款待文友。诗文会的诗作，各人必须在一日内完成，并集之立即刻印装订成册，三日内便可发到各人手中。最为有趣的是主人还要请客听曲，作为对那些一日成诗的文客会友的嘉奖：

　　……一日共诗成矣。请听曲，邀至一厅甚旧，有绿琉璃四。又选老乐工四人至，均没齿秃发，约八九十岁矣，各奏一曲而退。倏忽间命启屏门，门启则后二进皆楼，红灯千盏，男女乐各一部，俱十五六岁妙年也。

　　于是主客忽然大乐，尽情赏景听曲。这种别出心裁的两次顾曲，以旧厅与新楼、暗绿琉璃灯与红灯千盏、老乐工与妙龄男女乐部之间的鲜明对比，来造成强烈的艺术效果。这一手法，与园林置景先暗后明、先抑后扬的结构布局倒有异曲同工之妙。

苏南是昆曲的故乡，园中演戏更是常见。苏州留园东部庭院中，民国初还有小戏台，至今在门上还留有"东山丝竹"四字砖刻。上海豫园点春堂前也有题为"凤舞鸾鸣"的打唱台。拙政园唱演昆曲的传统一直沿袭到近代。吴县富商张履谦于1877年购得已经破残不堪的原拙政园西部，请当时姑苏画家顾若波等人共事修建，取名"补园"。张氏由士而贾，喜爱书、画、琴、曲等雅事，特别嗜好昆曲，常在园中聚宾会友，共同唱曲。当代著名的昆曲家俞振飞先生的父亲俞粟庐老人作为园主唱曲的指导，和朋友也一直住在园中，俞振飞的童年也是在此园中度过的。补园的主厅——"卅六鸳鸯馆"便成了他们听曲、唱曲之处。

是馆北边临水池，池对面有小岛，岛东南坐落着有名的扇面亭——与谁同坐轩，风景独好。为了在一厅内观赏多种景色，此厅用隔扇分成两半，成为"鸳鸯厅"形制。南半厅称十八曼陀罗花馆，为冬春赏山茶花之处；北半厅即卅六鸳鸯馆，可于夏日依栏观赏鸳鸯戏耍于荷菜间。

除了赏景之外，此厅在设计上较为妥善地考虑了声音反射和演出活动。首先，它北部挑出于水面，能借水面反射，增加音乐的共鸣。《红楼梦》里的贾母于此很是内行，一次过节，在决定开演地点时她说："就铺排在藕香榭的水亭子上，借着水音更好听。"所以江南园林中不少临水的亭榭，

图 10-11　苏州拙政园卅六鸳鸯馆　　　　　　　　　　　　　视觉中国供图

在其立基时多少考虑了唱曲的因素，像网师园的濯缨水阁、怡园的藕香榭、扬州寄啸山庄池中之方亭等均兼具演戏的功能。

此外，造园家采用了连续四卷的卷篷顶作为厅的室内顶棚，它不仅具有遮掩顶上梁架的美观功能，而且能利用其弧形来反射声音，增加演奏和表现效果。另外，此厅的四角各辟一门，门外又各建有一间耳房，形成一厅带四室的格局，成为古园建筑中的孤例。这四间小耳房作用很大，是戏曲表演时的临时后台，又可作为宴客时仆从等候之处，在冬天又有门斗作用，能阻挡进门时带进的寒风，造园用心堪称周密良苦。

在上海豫园四百年园庆之际，园林家陈从周主持了其东部的复建工程。他在修复时极为注重诗情、画意与曲境的关系。陈从周撰《随宜集》介绍其修复构思时，重点突出的也是一个"曲"字：

老实说，我爱好园林，却是在园中听曲，勾起了我的深情的。到今天我每在游客稀少的园子中便仿佛清歌乍啭，教人驻足，而笛声与歌声通过水面、粉墙、假山、树丛，传来更觉得婉转、清晰，百折千回的绵延着，其高亢处声随云霄，其低回处散入涟漪，真是行云流水，仙子凌波，陶醉得使人进入难言的妙境。俞平伯先生说得好："我屏息而听，觉得胸膈里的泥土气，渐渐跟着缥缈的音声，荡漾为薄烟，为轻云了。"

正因为如此，豫园复建的东部，也在顾曲上做文章。建筑中的厅、廊、亭皆临水、依山、面水，可以说无一处不宜拍曲，就是水廊也用砖砌平顶，以使音声反射，效果更好。至于布局中的曲折高下，水石潆洄，都能体现出曲的婉约细腻的特征。

反之，园林艺术的某些基本原则、设计中充满诗情画意的意境构思和它所创造的美好环境，对戏曲演员同样也是一种不可少的熏陶。俞振飞曾说："我从幼年就爱好三件事：

一是欣赏古代名家的书画。二是喜欢游山玩水，每年总要随先父去一次光福看梅花。同时，杭州也是一定要去的。尤其在孤山放鹤亭空谷传声处，一部分曲友在西湖游艇上唱昆曲，我和先父在放鹤亭上听唱，确实是从心灵中感到美。三是喜欢看戏……"在这位名重昆曲舞台的表演艺术家看来，他在艺术上的造诣以及他昆曲里表现的书卷气，是和欣赏园林、游山玩水分不开的。

古典戏曲剧目中，有相当部分描写了男女爱情上的悲欢离合。而园林美好的环境正是谈情说爱的好地方，所谓"私订终身后花园"便是如此。因而不少戏中每每有园林出现，成为故事情节发展的主要场所。比起绘画、诗文作品中描绘的园林，戏曲中的园林更有特色，它常常通过立体可触摸的布景形式（如山石、小亭等）出现在舞台。同时通过演员兴味很浓的边歌边舞的游赏，使园林景色之美得到充分表现。

明代文学家汤显祖所作的《牡丹亭》是我国传统戏曲中著名的园林戏。作者让一对陌生的青年男女在梦中相会，由梦生情，由情而病，由病而死，死而复生。这种异乎寻常、出生入死的爱情，使全剧从主题情节到人物塑造都富于浪漫主义色彩，在戏曲史上独树一帜。戏中描写的园林景色之美，也同样充满了浪漫的情调，引得不少造园艺术家为之拍案称绝，也时时吟唱。

南宋年间，南安（在今江西省）太守杜宝之独女丽娘，不满其父替她规定的稳重、矜持、温顺等官宦小姐的生活方式，思想上很是苦闷。在丫鬟春香的怂恿下，杜丽娘到花园观赏春景。在牡丹亭中，她带着伤春情思慵倦地进入梦乡。梦中她与一青年书生相遇，互相倾慕彼此的才华，很快就相爱了。醒后杜丽娘忘不了那风流书生的才貌，相思成病，终于忧郁而死。杜宝将丽娘葬于花园梅花观后，不久调往扬州。过了三年，岭南书生柳梦梅赴临安（今杭州）考试，路经南安，暂住梅花观，偶然拾到一幅杜丽娘的画像，十分爱慕，终日焚香赏玩。丽娘的幽魂得知，前来相会，见面彼此才知道原是梦中相识的情人。这时杜丽娘已完全摆脱了封建礼教的束缚，她不满足以游魂来和情人相会，要柳生开掘自己的坟墓，让爱情借死去的身躯复生。杜丽娘终于回到了人间，和柳梦梅成就了婚姻。两人同赴临安，柳生考中了状元。最后，在皇帝的认可下，有情人终成眷属。

剧中，作为主角情感活动的背景，杜府后花园美丽的景色得到了多次描写。如第七出《闺塾》中，丽娘读了"关关雎鸠，在河之洲。窈窕淑女，君子好逑"之后，引发了春心，很想到园中游玩，但父亲不允，丽娘只能从书斋窗中看景，交代了花园的布局："景致么，有亭台六七座，秋千一两架，绕的流觞曲水，面着太湖山石，名花异草，委实华丽"。

第十出《惊梦》是戏中第一个高潮，杜丽娘一到花园，就被明媚春光所陶醉："原来姹紫嫣红开遍，似这般都付与断井颓垣。良辰美景奈何天，赏心乐事谁家院！……朝飞暮卷，云霞翠轩。雨丝风片，烟波画船——锦屏人忒看的这韶光贱！"后来，她在亭中小憩，又感到一丝丝孤独和失落："遍青山啼红了杜鹃，荼蘼外烟丝醉软……牡丹虽好，他春归怎占的先……"在之后的多出戏中，这种描绘园景的唱词还有很多，如"画廊前，深深蓦见衔泥燕，随步名园是偶然""芭蕉叶上雨难留，芍药梢头风欲收，画意无明偏着眼，春光有路暗抬头"等。演员在台上和着婉转悠扬的曲调，边表演边唱出这些意境深浓的园景，确实令观者心醉。

《玉簪记》也是一出著名的园林戏，写的是北宋末，金兵南侵之时，战乱中官宦之女陈娇莲流落在金陵女贞观做了道姑，并改名为妙常。书生潘必正赴京考试不中，投奔多年前出家在女贞观的姑母，在观中与陈妙常相识，并产生了爱情。

这一出戏中的主要场景，也是一座江南园林，只不过将府第宅园换成了道观园林。潘生和妙常从相识到相爱，多次约会都在庵堂花园中。像潘生用琴奏出那"粉墙花影自重重，帘卷残荷水殿风"的《琴挑》一场戏、两人订立约会不期被姑母冲散而引起误会的《姑阻佳期》一场戏，都是边看景、边表情，以景衬情的"园林戏"。例如《姑阻佳期》写陈妙常在园中等潘必正时，有一段唱词："松梢月上，又早钟儿响，人约黄昏后，春暖梅花帐。倚定阑干，悄悄地将他望。

图 10-12　苏州昆曲传习所园林实景版《牡丹亭》

图 10-13　苏州昆曲传习所园林实景版《玉簪记》

猛可的花影动，我便觉心儿痒，呸！原来又不是他，那声音儿是风戛帘钩声韵长，那影子儿是鹤步空庭立那厢。"这里，明月松影、庵堂的第一遍晚钟以及风吹帘钩声和庭院中白鹤的影子等都成了烘托曲境的不可缺少的景色。

　　以山西永济市普救寺为背景的《西厢记》，更是家喻户晓、脍炙人口。戏中写了白衣秀士张君瑞一次在佛殿中邂逅相府小姐崔莺莺，两人一见钟情。张生为了能再见莺莺，就赁居在寺院客房的西厢，在丫鬟红娘的支持和帮助下，两人终于冲破封建礼教约束而结合。剧中也是把花园作为秘密恋爱的理想环境。张生那一曲"分明伯劳飞燕各西东，尽在不言中"的悠扬琴声是飞过花园上空传到崔莺莺耳中去的，而莺莺那首暗示张生月下相会的著名情诗："待月西厢下，迎风户半开。拂墙花影动，疑是玉人来"的诗笺也是通过红娘在花园中传递的。还有莺莺花园祭月、月下焚香和张生隔墙吟诗等情景都少不了园林景色的衬托。尽管张生和崔莺莺的故事是经过加工的艺术创作，但普救寺和莺莺塔因《西厢记》而名闻全国。虽然今天寺庙花园只剩下断垣残壁，却仍然吸引着不少旅游者。

　　"园林戏"比重较大的戏曲剧目还有很多，如《西园记》《花为媒》《白蛇传》等。园林在戏曲中如此频繁地出现，是和当时的社会风尚分不开的。自明中叶以后，市民文艺有了快速的发展，园林和戏曲，均是其中的主将，那时除了文人和官宦人家的后花园，寻常百姓家的宅旁小园也如繁星点点散落在苏杭等经济发达的城市中。更有寺庙园林、城外的山水园林可供人们游玩。而剧作家文化艺术修养较高，游历较广，对造园艺术较为懂行，所写的园林意境也美。戏曲是大众化的艺术，随着这些剧目流传，对民间的造园活动又具有一定的促进作用。可以说，在我国传统文化发展的后期，园林与戏曲是相互借鉴、共同繁荣的。

后　记

　　2008 年，我从上海社科院哲学所美学室退休。在告别会上，我对同仁们说，我本科和研究生都就读于同济大学，是个地地道道的"工科男"。1982 年毕业时，因缘际会地到了社科院，从此开始了坐冷板凳、爬格子的营生。现在退休了，表明这辈子剩下的时光我可以不干活，尽情游玩寻觅开心了，这让我浑身感到十分自在轻松。虽然我没有能力像古代的一些文人那样自己造园，但眼下的我，可以不带一点功利，没有一点压力，随意地在园林风景中漫步徜徉了。料想不到的是，在"金盆洗手"13 年后，78 岁的我竟然会重新拾起笔杆，开写这本《园林漫步》。

　　去年中秋，远在法国尼斯的师妹陈馨来电，说她在后浪出版公司的朋友请江苏凤凰文艺出版社原总编汪修荣帮忙约我写本关于园林审美方面的书，我当时以"不想打乱现在闲适懒散的生活"为由一口回绝了。但她没有死心，不时来电，还给我戴了高帽子，说："爸爸的诸多弟子中，唯有你是专门搞理论的，出书最多，文笔最好，再写本书也是对爸爸毕生奉献的园林文化事业的一种传承……"后来汪修荣先生也应这位朋友之请加入了游说的行列。汪总曾主编过我的导师陈从周先生的全集，对古典园林有很高的鉴赏力和很深的感悟，他不仅阅读过我的园林论著，还对我的书名和十章的大致构思从编辑角度提出了许多宝贵建议。于是乎，我这只"老鸭子"就一步步地被赶上了架，重新坐到了书桌前。

书名"漫步"，说明这本小书不是一本很系统、很精深的专著，读起来会比较轻松随意，但又不是一本随手拈来、抒发感悟的小品集。我们漫步经过的十小站路线是经过精心选定的。第一、二站介绍中国园林文化的基础知识；第三、四、五站是讲园林中的各种景，特别是"风月生意境"一站，是从陈从周先生名句"奴役风月，左右游人"生发开去，写了中国园林重视风月虚景塑造的特点，灭杀了我不少脑细胞；第六、七两站似乎理论了一点，但尽量写得深入浅出；第八站是游赏方法；第九、十站介绍了园林与其他传统文化的联系和渊源。

精美的图片是阅读本书不可或缺的形象资料，可以弥补语言审美的不足。对此，策划、责编和摄影师付出了辛勤劳动，这里对他们表达衷心的谢意。

刘天华

识于上海嘉定新城金地世家寓所

二〇二一年五月

图书在版编目（CIP）数据

园林漫步 / 刘天华著 . —— 南京 : 江苏凤凰文艺出
版社 , 2022.7（2022.10 重印）
ISBN 978-7-5594-6342-5

Ⅰ. ①园… Ⅱ. ①刘… Ⅲ. ①园林艺术 – 中国 Ⅳ.
① TU986.62

中国版本图书馆 CIP 数据核字 (2021) 第 213605 号

园林漫步

刘天华　著

责任编辑　　曹　波
特约编辑　　马永乐　雷淑容
装帧设计　　墨白空间·杨阳
出版发行　　江苏凤凰文艺出版社
　　　　　　南京市中央路 165 号，邮编：210009
网　　址　　http://www.jswenyi.com
印　　刷　　天津图文方嘉印刷有限公司
开　　本　　880 毫米 × 1230 毫米　1/32
印　　张　　12.75
字　　数　　148 千字
版　　次　　2022 年 7 月第 1 版
印　　次　　2022 年 10 月第 2 次印刷
书　　号　　ISBN 978-7-5594-6342-5
定　　价　　99.80 元

江苏凤凰文艺版图书凡印刷、装订错误，可向出版社调换，联系电话 025 – 83280257